土木工程专业道路方向创新教材

U0642476

沥青混凝土
断裂力学

Fracture Mechanics of
Asphalt Concrete

主　编 ◇ 宋卫民
副主编 ◇ 吴　昊

中南大学出版社
www.csupress.com.cn
·长沙·

前　言

目前我国公路里程接近 550 万千米，高速公路里程突破 18 万千米，居世界第一。沥青路面由于在施工建造、运营维护、行车舒适等方面具有优势，已成为国内外主要的道路形式。然而，开裂是沥青路面的主要问题之一，严重影响了其耐久性和功能性。多年来，许多学者都从路面结构和材料性能的角度来研究沥青路面的抗裂性能，取得了丰硕成果，有效促进了沥青路面耐久性的提升。

断裂力学的起源可以追溯到 20 世纪 20 年代。经过一个多世纪的发展，断裂力学在理论框架和测试方法方面取得了显著进步。从线弹性断裂力学和弹塑性断裂力学逐步发展到更广泛的领域，如界面力学、微纳米力学、薄膜力学等。断裂力学在工程材料、生物材料和电子器件等领域的应用取得了巨大成功。但断裂力学在沥青混凝土以及沥青路面中的应用时间还较短。沥青混凝土主要由集料和沥青组成，其中存在许多缺陷，如空隙、裂纹以及沥青与集料之间的不充分黏结等。这些特性为断裂力学在沥青混凝土中的应用提供了机会，通过研究裂纹的扩展行为，可以预测裂纹长度和破坏模式，明确沥青混凝土和沥青路面的开裂机理，有助于设计人员改进材料和结构，防止裂纹扩展并提高其承载能力。

本书共分 6 章：第 1 章为绪论；第 2 章介绍了沥青黏弹性方面的基本理论；第 3 章和第 4 章介绍了线弹性断裂力学和弹塑性断裂力学，并探讨了其在沥青混凝土中的应用；第 5 章介绍了基于能量法的沥青混凝土低温断裂性能评价；第 6 章介绍了沥青混凝土断裂的细观模拟方法，包括扩展有限元方法和内聚力模型方法。

编写本书参考了大量相关著作和文献资料，对此致以衷心感谢！

本书总结了沥青混凝土断裂力学方面的基本理论和测试方法，并提出了一些前沿研究思路和方向。其中的观点代表笔者对沥青混凝土断裂力学的当前理解，仍有待进一步补充、完善和提高。因此，本书难免存在不足之处，敬请读者批评指正。

作者
2024 年 8 月

目　录

1 绪 论

1.1 沥青混凝土路面开裂

《2023 年交通运输行业发展统计公报》[1] 显示 2023 年底我国公路总里程为 543.68 万千米。沥青混凝土路面由于具有行车舒适、噪声小、开放交通快、易于维修等优点，因此成为我国公路的主要路面形式。但是，沥青混凝土开裂是影响路面耐久性的重要原因，也是路面病害的一种基本形式，尤其是在低温情况下[2-4]。我国公路养护里程超 530 万千米，占公路总里程的 99.0%，其中裂缝养护占据了很大的比例。沥青混凝土的开裂严重影响了路面的耐久性和行车舒适性，给路面维护带来沉重的经济负担。研究沥青混凝土的开裂行为可以更好地了解沥青混凝土的断裂机理，并可以为沥青混凝土路面的耐久性设计提供理论指导。

断裂力学理论认为沥青混凝土的开裂是由于材料内部存在初始缺陷，该缺陷可能存在于沥青胶浆内部、骨料内部或者骨料与胶浆的黏结面上。初始缺陷在荷载与环境的耦合作用下逐步从微小缺陷发展为宏观的裂缝，并最终破坏沥青路面性能。沥青路面的开裂会使水分渗入裂缝，引起基层软化，引发唧泥等病害，并造成基层和面层的水损害，进一步引发疲劳裂缝和坑槽等严重的病害。沥青混凝土的裂缝主要包括纵向裂缝、横向裂缝、龟裂、块状裂缝、滑移裂缝、温度裂缝和反射裂缝等[5]。这些裂缝又可以分为荷载型裂缝和温度型裂缝。荷载型裂缝是指沥青混凝土本身的极限抗拉强度低于行车荷载产生的拉应力而造成的裂缝；温度型裂缝是指由于气温短时间内降低引起的裂缝以及温度的循环变化所引起的裂缝，包括低温收缩裂缝和温度疲劳裂缝。沥青混凝土的开裂往往是行车荷载和环境因素共同作用所造成的。

采用断裂力学理论研究沥青混凝土裂缝的开裂和扩展是一种可行的技术手段。断裂力学在沥青混凝土路面中的应用经历了线弹性断裂力学、疲劳断裂力学和弹塑性断裂力学等几个断裂力学理论过程。

1.2 沥青混凝土断裂力学基本理论

1.2.1 基于线弹性断裂力学的沥青混凝土断裂性能评价

断裂力学理论认为材料的裂缝尖端处存在一个塑性区，也称为断裂过程区。断裂过程区的损伤过程严重影响材料的平均本构关系；裂缝尖端的损伤现象也不是连续的，而是相对离散的[6]。一般认为，当该区域的尺寸比裂缝尺寸小时，裂缝的开展可以用线弹性断裂力学进行解释。当塑性区的尺寸较大时，裂缝的开展一般用弹塑性断裂力学进行表征。针对沥青混凝土而言，沥青的黏弹性特征使得低温下的沥青混凝土的应力–应变关系一般为线弹性关系，可以用线弹性断裂力学来表征其断裂性能。应力强度因子（K）和能量释放率（G）一般用来表征线弹性材料的裂纹尖端应力和应变状态控制失稳扩展的状态。

Ⅰ型断裂的应力强度因子可以通过公式（1–1）求得。

$$K_I = Y\sigma_n\sqrt{\pi a} \tag{1-1}$$

式中：K_I 为Ⅰ型裂缝的应力强度因子；Y 为形状系数，与裂缝的大小和位置有关；a 为有效裂缝长度；σ_n 为针对Ⅰ型裂缝的名义拉应力，是在裂缝位置处按无裂缝计算的应力。

应力强度因子是反映裂缝尖端应力场强弱的物理量，它与应力、裂缝位置和大小等因素有关，随着裂缝的不断开展或者应力的逐渐增加，应力强度因子也逐渐增大。研究表明，当 K 增大到某一临界值 K_{Ic} 时，裂缝就会发生失稳扩展，K_{Ic} 被称为临界应力强度因子，也称为断裂韧度。

除了应力强度因子，能量释放率也是线弹性断裂力学的另一个判据。能量释放率是指裂缝扩展单位面积时弹性系统所释放的能量（G_F）。

$$G_F = -\frac{\partial \Pi}{\partial A} \tag{1-2}$$

式中：Π 为系统内的能量；A 为裂缝的面积。可以用式（1–3）近似地计算沥青混凝土的能量释放率。

$$G_F = \frac{W_f}{A_{lig}} \tag{1-3}$$

式中：W_f 为试件断裂过程释放的能量；A_{lig} 为断裂过程裂缝的扩展面积。针对沥青混凝土或者水泥混凝土，能量释放率（G_F）也被称为断裂能。

应力强度因子和能量释放率判据描述的是同一个问题，都是衡量材料抵抗裂缝扩展能力的指标。针对各向同性均质的材料，应力强度因子和能量释放率两者之间存在一定的关系。

$$G_I = \frac{K_I^2}{E} \quad (\text{平面应力状态}) \tag{1-4}$$

$$G_I = (1-\nu^2)\frac{K_I^2}{E} \quad (\text{平面应变状态}) \tag{1-5}$$

式中：E 为弹性模量；ν 为泊松比。

1.2.2　基于弹塑性断裂力学的沥青混凝土断裂性能评价

在中温情况下，沥青表现出一定的弹塑性，沥青混凝土的断裂性能不能用线弹性断裂力学来表征。在这种情况下，J 积分被用来描述材料在非线性情况下抵抗断裂的能力。

$$J = \int_\Gamma \left[W(\varepsilon)\,\mathrm{d}x_i - T_i\frac{\partial u_i}{\partial x_i}\mathrm{d}s \right] \tag{1-6}$$

式中：$W(\varepsilon)$ 为平面体内的应变能密度；T_i 为作用在其上的张力矢量；u_i 为位移矢量；s 为弧长；x_i 为坐标。由于积分路径可以避开裂纹顶端，因而可用通常的力学计算方法来计算 J 积分的值。

在简单加载(即应力各分量按比例增长)条件下, J 积分也可用来描述弹塑性平面裂纹体裂纹顶端应力–应变场奇异性的程度。对非线性弹性裂纹体, J 积分是裂纹体总势能对裂纹扩展的变化率。

在线弹性条件下, 对于 I 型裂缝而言:

$$J = G_I = \frac{K_I^2}{E} \text{(平面应力状态)}$$

$$J = G_I = (1 - v^2) \frac{K_I^2}{E} \text{(平面应变状态)}$$

在非线弹性条件下, 对于沥青混凝土而言, 一般可以采用式(1-7)来计算沥青混凝土的 J 积分:

$$J = -\frac{1}{t} \left(\frac{\partial U}{\partial a} \right)_\Delta \tag{1-7}$$

对于两个裂缝尺寸不同的试件来说, 可以用公式(1-8)近似地计算 J 积分的数值。

$$J = \left(\frac{U_1}{t_1} - \frac{U_2}{t_2} \right) \times \frac{1}{a_2 - a_1} \tag{1-8}$$

式中: U 为力–变形曲线从 0 点加载到峰值荷载下所包围的面积; t 为试件的厚度; a 为裂缝的长度; 下标 1 和 2 为两个不同的试件; 下标 Δ 表示变形控制。

从能量释放率(G_F)和 J 积分的定义可以看出, 在线弹性范围内二者是等效的。针对沥青混凝土而言, 在 AASHTO TP 105-20 中, 能量释放率也被称为断裂能, 可以用来表征从低温到中温沥青混凝土的断裂性能。

1.2.3 基于疲劳断裂力学的沥青混凝土断裂性能评价

在行车荷载和环境因素的作用下, 沥青混凝土路面的开裂主要表现为疲劳开裂。而疲劳开裂又分为线弹性疲劳和弹塑性疲劳。

在线弹性范围内, 循环荷载所造成的疲劳裂缝的开展速率与每个应力周期内的应力强度因子值之差(ΔK)、应力强度因子的比值以及荷载历史密切相关, 如式(1-9)所示。

$$\frac{\mathrm{d}a}{\mathrm{d}N} = f(\Delta K, R, H) \tag{1-9}$$

式中: $\mathrm{d}a/\mathrm{d}N$ 为裂纹扩展速率; a 为裂纹长度; N 为循环荷载作用次数; ΔK 为交变应力最大值 $\sigma_{\max}$ 和最小值 $\sigma_{\min}$ 所计算的应力强度因子值之差, 即 $\Delta K = K_{\max} - K_{\min}$; R 为应力强度因子的比值, $R = K_{\min}/K_{\max}$; H 为应力历史。

在不考虑具体 R 和 H 的情况下, ΔK 与裂纹扩展速率之间存在一定的关系, 如图 1-1 所示。可以看出, 裂纹扩展曲线可以分为 3 个区域, 在第二个区域裂纹扩展速率和 ΔK 在双对数坐标下呈线性关系。可以用 Pairs 公式来表征这种线性关系:

$$\frac{\mathrm{d}a}{\mathrm{d}N} = C(\Delta K)^m \tag{1-10}$$

式中: C、m 为材料相关参数, 与加载环境、频率、温度和应力比有关。

从图 1-1 可以看出, 存在一个 ΔK 的阈值下限 ΔK_{th}, 当 $\Delta K \leqslant \Delta K_{th}$ 时, 疲劳荷载作用不会造成裂缝的扩展和延伸。根据具体的试验条件, 图 1-1 所示的 3 个阶段可能不会完全出现。

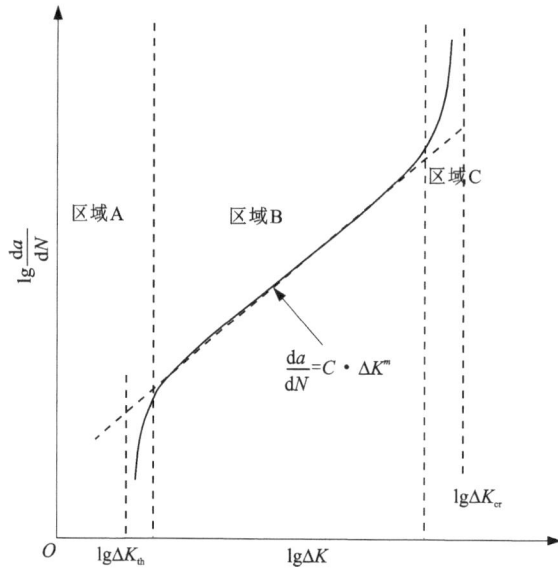

图 1-1　ΔK 与裂纹扩展速率之间的关系

在 ΔK 相同的情况下，R 的比值不一定相同。当考虑 R 的影响时，较高的 R 一般会使 ΔK_{th} 变小，较低的 R 则会使 ΔK_{th} 增大；反映到图 1-1 上，当 R 增大时会使曲线从右向左迁移。考虑 R 的影响，式(1-10)也可以表示为式(1-11)的形式[7]。

$$\frac{\mathrm{d}a}{\mathrm{d}N}=\frac{C(\Delta K)^{m}}{(1-R)K_{C}-\Delta K} \tag{1-11}$$

式中：K_{C} 为疲劳断裂韧度，一般通过普通的临界应力强度因子(K_{IC})来替代。

R 影响的裂缝扩展速率与 ΔK 的关系也可以通过式(1-12)[8]来表示。

$$\frac{\mathrm{d}a}{\mathrm{d}N}=\frac{C_{w}}{(1-R)^{n_{w}}}(\Delta K)^{m_{r}} \tag{1-12}$$

式中：C_{w}、n_{w} 和 m_{r} 都是通过试验确定的材料参数。

针对中温条件下沥青混凝土的疲劳断裂，由于其塑性变形较大，裂缝尖端的塑性区域也较大，基于线弹性表征裂缝在循环荷载作用下的扩展已不再适用，应用线弹性的疲劳式(1-10)不能得出准确的结论，此时控制疲劳裂纹扩展的参量宜用弹塑性断裂参量来表示。所以，国内外学者[9-11]将 J 积分的差值替代了公式(1-10)中的应力强度因子的差值，从而给出了弹塑性条件下疲劳断裂的方程，如式(1-13)所示。

$$\frac{\mathrm{d}a}{\mathrm{d}N}=C'(\Delta J)^{n} \tag{1-13}$$

式中：C' 为拟合参数；ΔJ 为 J 积分差值。

需要说明的是循环荷载作用下裂缝的扩展速率($\mathrm{d}a/\mathrm{d}N$)一般很难计算，因为沥青混凝土本身由沥青和骨料组成，骨料的大小和排布会对裂缝的开展有显著的影响，也会给测试结果带来较大的离散性；另外，裂缝的开展速率在循环荷载试验的不同阶段是不同的，采用人工确定裂纹长度方法往往带来不准确的结果。目前，学者们一般采用数字图像相关技术(DIC)来追踪裂缝的开展，从而获取裂缝随加载周期的变化规律[12-14]。

1.3 沥青混凝土抗裂性能研究进展

1.3.1 材料组成和测试参数对抗裂性能的影响

为提高沥青混合料的抗裂性能，国内外学者从混合材料组成、配合比设计以及施工质量等方面进行了大量的研究。一般而言，聚合物改性沥青和橡胶改性沥青能够显著地提高沥青混凝土的抗裂性能[15-17]。沥青混凝土的空隙率显著地影响其断裂性能，空隙率越大，抗裂性能越差[18, 19]。按照断裂力学的观点，材料内部的空隙属于缺陷，荷载作用下微裂纹会在空隙的边缘生成和扩展，从而影响材料的强度。Li 和 Marasteanu[20]采用声发射技术研究了沥青混凝土的断裂过程区特性。研究发现试验温度对沥青混凝土的断裂过程区有显著的影响，低温下 7 种沥青混凝土的断裂过程区尺寸基本一致；并且，随着空隙率的增加，断裂过程区的尺寸也会变大。Li 等[18]通过大量的 SCB 试验研究发现骨料级配会显著地影响混合料的断裂韧度和断裂能；同时，4 种外加剂(elvaloy, black max, SBS1 和 SBS2)也对混合料的断裂性能有统计意义的影响。Aliha 等[19]发现在保持其他因素不变的情况下，骨料级配越细，沥青混凝土的应力强度因子(K_{IC})越小，抗裂性能越差。

很多学者通过在混合料中加入各种添加剂来改善沥青混凝土的抗裂性能。Shafabakhsh 等[21]发现钢纤维可以有效地改善混合料单轴拉伸状态下的抗裂韧性，纤维和骨料之间的相互嵌挤咬合是提高抗裂性能的主要作用机理。郭庆林等[22]利用 SCB 试验和数字图像技术研究了短切纤维对混合料断裂性能的影响，指出纤维改性沥青混凝土具有更高的峰后持荷能力。通过对比玻璃纤维、玄武岩纤维和钢纤维的性能，发现玄武岩纤维对混凝土抗裂性能的提升效果最佳，而钢纤维对沥青混凝土抗裂性能的提升效果最差[23]。Hong 等[24]研究了煤矸石粉和聚酯纤维对混合料低温开裂性能的影响，指出煤矸石粉取代 50%矿粉且聚酯纤维掺量为 0.5%时，混合低温抗裂性能最好。纤维的品种和掺量对抗裂性能的提升具有重要影响[25]。陈宗武等[26]采用钢渣粗集料、铁渣细集料和钢渣粉完全替代常用的石灰石矿料配制沥青混合料，该混合料低温断裂性能提高了 23%。程梅[27]研究了木质素纤维、玄武岩纤维、橡胶粉、SBR、硅藻土 5 种添加剂对高模量沥青混合料抗裂性能的改善作用。刘凯[28]制备的掺加了碳纤维/石墨烯的导电沥青混凝土，除了具有良好的导电性能外，还表现出良好的低温抗裂性能和高温稳定性。Ziari 等[29]研究发现聚磷酸(PPA)在掺量较小时会提高混合料的断裂性能，但是当 PPA 掺量较高时会削弱其断裂性能。Motevalizadeh 等[30]研究了电弧炉尾渣(EAF)对混合料中低温断裂性能的影响。研究指出 EAF 对混合料断裂性能的影响取决于测试的温度：EAF 在 0℃时会降低应力强度因子；但是当温度降低到-20℃时，EAF 又会提高应力强度因子。Zhao 等[31]在沥青混凝土中添加生物炭(biochar)对沥青进行改性，发现生物炭可以提高中温(25℃)沥青混凝土的抗裂性能。宁致远等[32]研究了水工沥青混凝土在-30~15℃下的直接拉伸力学性能。研究发现当温度从-30℃上升到 15℃时，沥青混凝土的拉伸强度和黏聚力随温度的升高先增大后减小，在-20℃时拉伸强度和黏聚力达到最大；内摩擦角随温度上升先减小后增大，在 0℃时内摩擦角最小。

很多学者通过在沥青混凝土中添加纳米材料来改善沥青混凝土的断裂性能，例如纳米微硅粉[33]、碳纳米管[34, 35]、纳米碳酸钙[36]、纳米氧化铁[35]等。这些材料在合理的掺量下对沥青混凝土的断裂性能和抗疲劳性能也有较好的效果。

1.3.2 再生沥青和温拌沥青的断裂性能研究

我国承诺在 2030 年实现"碳达峰", 2060 年实现"碳中和"。在道路工程中, 再生沥青和温拌沥青工艺是实现"双碳"目标的重要措施。目前, 虽然国内外学者对再生沥青混凝土和温拌沥青混凝土开展了很多研究, 但基于断裂力学理论对再生沥青混凝土和温拌沥青混凝土的病害进行研究仍有大量的工作可以做。

一般而言, 由于再生沥青骨料(RAP)上包裹有旧沥青, 旧沥青的刚度和模量一般都比新沥青要高, 因此再生沥青混凝土的刚度一般比未掺加 RAP 的沥青混凝土要高, 其变形能力也较差, 因而再生沥青混凝土的疲劳开裂性能和低温断裂性能较差[37-39]。为了改善再生沥青混凝土的断裂性能, 可以在沥青混凝土中添加树脂或者橡胶来改性沥青, 从而提高新沥青的品质, 可以在一定程度上抵消 RAP 引起的断裂性能损失[40]。除此之外, 为了改善再生沥青混凝土的工作性能和断裂性能, 掺加再生剂成为制备再生沥青混凝土的常规操作[41, 42]。Zhou 等[43]对再生沥青混凝土进行了 SCB 循环荷载试验, 并从耗散能的角度对再生沥青的疲劳性能进行了分析。研究发现循环荷载作用下 SCB 试验得出的每个循环的耗散能曲线可以明显分为 3 个阶段, 在能量释放稳定阶段每个循环的平均耗散能(ECPC$_{AVE}$)可以用来评价沥青混凝土疲劳开裂的性能; RAP 掺量越高, ECPC$_{AVE}$ 越大, 代表疲劳开裂性能越差。

艾长发等[44]研究了温拌剂对 SBS 沥青疲劳断裂性能的影响, 研究表明临界裂缝尖端位移(CTOD)与 25℃下 $G^* \cdot \sin\delta$ 表征疲劳性能的结果具有一致性; 基于 CTOD 的沥青疲劳性能与四点梁的疲劳寿命具有一致的趋势。何永泰等[45]对比研究了 3 种温拌剂对沥青混凝土抗裂性能的影响, 其中两种温拌剂为自行研发的表面活性剂, 另一种为 Sasobit。研究表明 3 种温拌剂对沥青混凝土的抗裂性能均产生不利的影响, 添加温拌剂的沥青混凝土的破坏应变明显小于未添加温拌剂的沥青混凝土。阳恩慧等[46]采用两种温拌剂(Sasobit 和 ET-3100)对基质沥青进行改性, 研究发现两种改性剂会不同程度地降低沥青的断裂性能。Yousefi 等[47]研究了温拌技术和沥青再生对混凝土性能的影响。研究表明温拌剂会提高常温下混凝土的断裂能, 并且 WMA 和 RAP 一起应用比单一技术更利于断裂能的提高; 在 HMA 加入温拌剂可以在一定程度上提高 J 积分的数值, 当加入 RAP 后, 温拌剂对 HMA+RAP 的 J 积分的影响跟温拌剂的种类密切相关。综上可知, 当温拌剂和沥青再生工艺一起应用时, 沥青混凝土的断裂性能的影响并没有一个统一的结论。

1.3.3 基于断裂力学的路面层间黏结性能评价

沥青路面是一种典型的层间结构, 在荷载作用下沥青路面层间的断裂可能是Ⅰ型断裂、Ⅱ型断裂或者Ⅰ-Ⅱ型复合断裂。沥青混凝土路面的层间断裂受多种因素的影响, 例如黏层油的种类和掺量、界面性质以及压实性能等。

基于断裂力学的层间断裂试验一般有两种方法: 一种是采用三点弯拉或者四点弯拉试验装置对双层试件进行加载, 通过调整加载点的位置或者两个支撑点的位置可以实现Ⅰ型、Ⅱ型或者Ⅰ-Ⅱ型复合断裂, 如图 1-2 所示; 另一种是采用直接拉伸的方式实现层间的Ⅰ型断裂, 如图 1-3 所示。

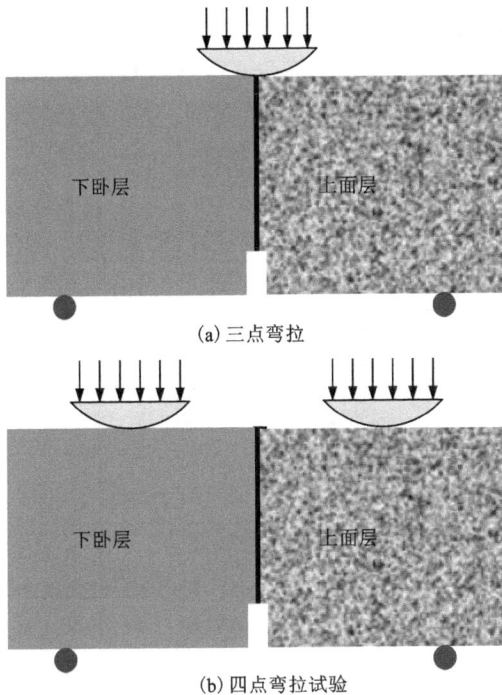

(a) 三点弯拉

(b) 四点弯拉试验

图 1-2　弯拉试验

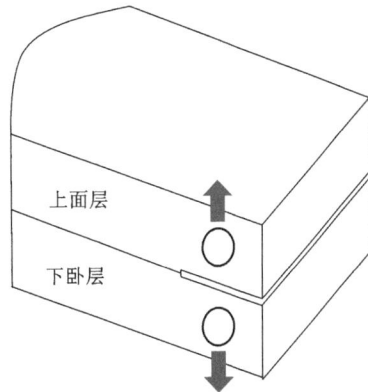

图 1-3　直接拉伸试验

Song 等[48]人采用三点弯拉试验研究了 OGFC 与下卧层之间的黏结性能，探讨了下卧层界面参数(构造深度、分形维数和粗糙度等)对 Ⅰ 型断裂的影响。应力强度因子和 J 积分分别用来表征沥青路面低温和中温时的断裂性能。研究表明下卧层界面参数对 OGFC 路面层间的黏结性能有重要的影响。Tang 等[49]采用三点弯拉试验研究了水泥混凝土下卧层与沥青混凝土罩面之间的 Ⅰ 型断裂性能。研究表明温度和黏层油对层间黏结有重要的影响。Hakimzadeh 采用四点弯拉试验研究了沥青混凝土路面 Ⅰ-Ⅱ 型复合断裂性能[50]。研究表明：随着温度的升高，剪切应力逐渐减弱，断裂能逐渐降低；冻融循环也会削弱层间的黏结性能。除此之外，Hakimzadeh 等[51]还采用直接拉伸方式研究了沥青路面层间的黏结性能。研究发现黏层油的撒布方式、种类和用量都会显著影响层间的黏结性能。

1.3.4　沥青混凝土断裂的细观模拟

近年来，随着有限单元法、离散单元法以及计算机技术的不断发展，基于细观角度的沥青混凝土开裂研究不断丰富。细观模拟有利于研究者从骨料、胶浆以及接触面的角度来分析沥青混凝土在不同温度和不同断裂模式下的开裂行为。沥青混凝土的细观模拟的一个重点是细观参数的确定以及破坏准则的选取。目前，室内试验和数据反算是确定细观参数的常用手段。在沥青混凝土细观建模的过程中，为了尽可能模拟实际的骨料形态，CT 扫描、图像处理技术以及颗粒重构技术得到了广泛的应用[52, 53]。另外一种建模的途径是根据已知的级配和颗粒含量，按照一定的算法生成特定形态的骨料并进行投放[54-56]。

在沥青混凝土有限元计算时，一般用内聚力模型(CZM)表征沥青与骨料以及沥青单元内部之间的黏结关系。Abaqus 内嵌有双线性 CZM 模型和指数型 CZM 模型，目前沥青混凝土中应用较多的为双线性 CZM 模型。Al-Qudsi 等[57]尝试了使用有限元来模拟半圆弯拉断裂试验，采用 CZM 作为断裂模拟模型，并将模拟的结果与实际试验的 3 种低温($-6℃$、$-12℃$、$-18℃$)结果进行比较，取得了较好的拟合度。总的来说，CZM 的损伤模型描述了牵引力达最大临界值后材料的刚度退化和结构失效，一旦达到损伤起始条件，预设黏性单元区域将进行损伤演化，对于裂缝模拟具有一定的借鉴作用。Yin 等[58]也采用预设黏性单元的方法来实现断裂，且在维度上区分了二维和三维。吴贵贤[59]考虑了沥青面层的黏弹性特征并通过建立二维有限元模型考察了行车速度和基层模量对基层反射裂缝相关参数的影响。研究表明适当提高车速可以抑制沥青道路基层反射裂缝的开展；增加基层的模量会使得反射裂缝尖端的断裂参数增加，说明在满足弯沉的基础上，基层材料宜选用模量较小的材料。Fu 等[60]采用一种无接触光学系统和有限元方法测试了 AC-25 沥青混凝土间接拉伸过程中的断裂性能。研究发现沥青胶浆和胶浆-骨料的黏结面是沥青混凝土的薄弱面，裂纹的萌生和发展往往在这些区域发生。刘洁[61]通过构建包含 CZM 单元的二维模型来研究掺入了 PVA 纤维的水泥乳化沥青砂浆的断裂性能。研究发现：PVA 的掺入延迟了裂纹的开展，提高了断裂能。

　　相比于 Ahmad Al-Qudsi 等人的模拟研究，Lancaster 等[62]采用 XFEM 来实现裂缝的自由扩展与试件的模拟断裂，由于裂缝的随机性，断裂路径相比 CZM 可实现扩展自由。Hoki Ban 等[63]用 XFEM 来模拟细集料基体在混合开裂模式下的断裂，为了控制断裂模式，通过设置不同的裂缝初始倾角和支座间距，来生成纯 Ⅰ 型张开、纯 Ⅱ 型滑开和 Ⅰ/Ⅱ 型混合断裂，在 XFEM 下，最终得出的模拟结果与实际试件的断裂路径非常接近。将实际断裂试验与有限元的断裂模拟相结合，在验证模拟有效性的同时，也能依靠模拟的结果为实际试验提供参考。Song 等[56]基于一种骨料生成算法生成了圆形、椭圆形、凹多边形和凸多边形 4 种骨料，并采用 XFEM 研究了 SCB 试件在低温和中温情况下的断裂性能。研究表明骨料形态对应力强度因子和断裂能都有显著的影响，圆形颗粒的 SCB 试件的断裂性能最优，而凹多边形颗粒的 SCB 试件断裂性能最差。

　　夏怡和邹飞[64]建立了沥青混凝土的二维离散元模型，采用线弹性黏结模型模拟沥青砂浆间颗粒接触以及骨料与沥青砂浆间接触力学行为。研究发现对于细级配沥青混凝土(AC-5)而言其断裂韧性受空隙率影响较大；在 Ⅰ 型断裂情况下，沥青混合料的断裂韧性与最大公称粒径呈正相关。杜建欢等[65]建立了悬浮密实 AC-13、骨架密实 SMA-13 和骨架空隙 OGFC-13 3 种典型级配沥青混合料的离散元模型，并模拟了低温下间接拉伸试验过程。沥青砂浆颗粒之间以及沥青砂浆和骨料之间的黏结采用平行黏结模型，骨料颗粒之间采用线刚度模型。研究表明：在细观尺度上，悬浮密实沥青混凝土发生破坏时，裂纹数量最多，且主要以 Ⅰ 型裂纹为主；骨架密实和悬浮密实沥青混合料能量释放率在时域内变化晚于骨架空隙沥青混凝土。Xue 等[66]建立了包含骨架结构和沥青胶浆的离散元模型，通过对骨料内部、骨料和胶浆黏结面以及胶浆内部单元赋予不同的接触关系研究了半圆弯拉试件的断裂行为。研究表明公称最大粒径、温度和骨料强度是影响断裂过程中硬化与软化行为的重要因素。Ren 和 Sun[67]建立了沥青混凝土的二维离散元模型，并研究了空隙率和空隙尺寸对 Ⅰ 型和 Ⅱ 型断裂的影响。研究表明空隙率在低温时对沥青混凝土断裂的影响比在中温时更大；同时，Ⅰ-Ⅱ 型复合断裂的断裂韧度最小，说明在拉-剪复合作用下，沥青混凝土更容易发生破坏。

1.4 沥青混凝土断裂的测试方法

基于不同的断裂模式，目前有多种沥青混凝土断裂的室内测试方法，比较常见的有 SCB 测试方法、间接拉伸法、Overlay tester 测试方法等。

1.4.1 SCB 试验

在线弹性断裂力学的范畴内，通过调整 S_1 和 S_2 大小，可以实现沥青混凝土的Ⅰ型、Ⅱ型以及Ⅰ-Ⅱ复合型断裂。式(1-14)和式(1-15)分别为求解Ⅰ型应力强度因子、Ⅱ型应力强度因子的公式。对于Ⅰ-Ⅱ型复合断裂，除了应力强度因子之外，混合度参数(M^e)也可以表征复合断裂过程中Ⅰ型和Ⅱ型对断裂所做的贡献，可通过公式(1-16)求解。Y_{I} 和 Y_{II} 为与Ⅰ型和Ⅱ型断裂对应的形状因子，可以通过有限元法进行求解。表1-1为一组 SCB 试验的参数设计。在循环荷载作用下，可以通过数字图像相关技术(DIC)[39]来追踪沥青混凝土裂缝的开展，从而揭示沥青混凝土裂缝发展的规律。在中温条件下，沥青混凝土的断裂属于弹塑性断裂，一般采用能量释放率(J积分)来表征其断裂性能的优劣。ASTM D8044-16[68]给出了中温下利用J积分评估沥青混凝土断裂性能的方法。

$$K_{\mathrm{I}} = \frac{P}{2Rt}\sqrt{\pi a} \cdot Y_{\mathrm{I}} \tag{1-14}$$

$$K_{\mathrm{II}} = \frac{P}{2Rt}\sqrt{\pi a} \cdot Y_{\mathrm{II}} \tag{1-15}$$

$$M^e = \frac{2}{\pi}\tan^{-1}\left(\frac{K_{\mathrm{I}}}{K_{\mathrm{II}}}\right) \tag{1-16}$$

式中：P 为荷载；M^e 为混合度参数。

表 1-1　SCB 试验参数设置[69]

参数	Ⅰ型断裂	Ⅰ-Ⅱ型断裂		Ⅱ型断裂
(S_1, S_2)/mm	(50, 50)	(50, 22)	(50, 15)	(50, 9)
M^e	1	0.8	0.38	0
Y_{I}	3.734	1.766	0.802	0
Y_{II}	0	0.578	1.179	1.772

除了J积分以及断裂能等参数外，文献[70]针对沥青混凝土 SCB 试验提出了临界位移以及拐点处斜率等参数(图1-4)，基于这些参数提出了柔度指数(FI)和裂缝阻裂因子(CRI)[71]。FI 和 CRI 可通过式(1-17)和式(1-18)求得。

$$FI = \frac{G_{\mathrm{f}}}{|m|}\times 0.01 \tag{1-17}$$

$$CRI = \frac{G_{\mathrm{f}}}{|P_{\max}|} \tag{1-18}$$

式中：G_{f} 为断裂能；$P_{\max}$ 为峰值荷载；m 为拐点处斜率。

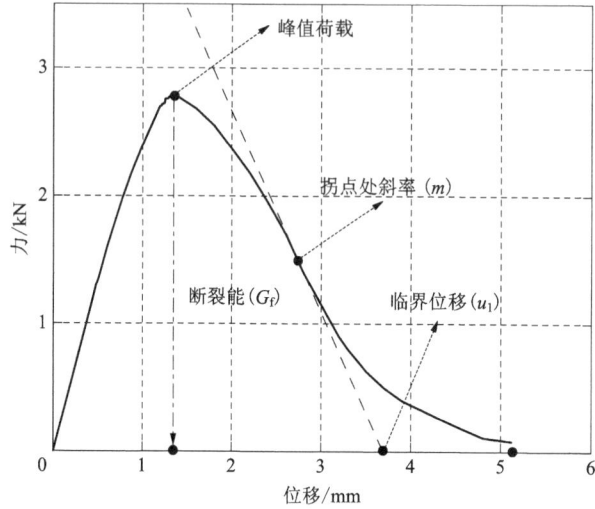

图 1-4　SCB 典型荷载-位移曲线

1.4.2　Overlay tester 试验

Overlay tester(OT)可以用来测定沥青混凝土抵抗疲劳或反射裂缝的敏感性。一般而言，OT 试验通过对模块施加周期性拉应力达到疲劳破坏的目的，采用位移控制，将最大位移控制为 0.635 mm，周期为 10 s，加载设置如图 1-5 所示。从第一个周期开始算起，最大荷载减小 93% 后试验自动终止；如果荷载减少量没有达到 93%，则当运行 1000 次后，设备自动停止试验。由于采用位移控制，所以一般来说前几个周期内的试件承受的拉应力会最大，而后逐渐减小。

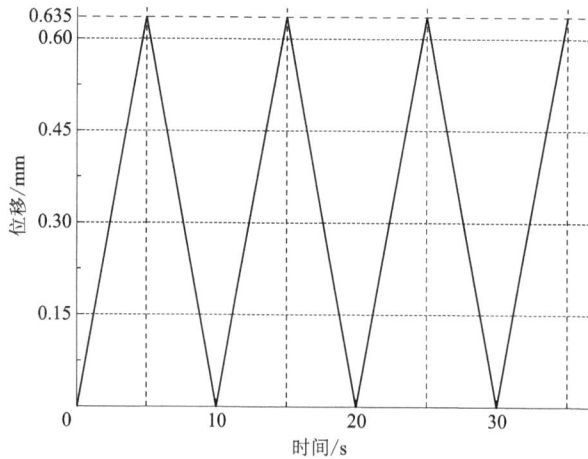

图 1-5　OT 试验加载设置

TxDOT 规范 TeX-248-F 推荐使用抗裂指数 $CRI(\beta)$ 和临界断裂能(G_c)两个指标来表征沥青混凝土抵抗拉伸疲劳破坏的能力。利用公式(1-19)拟合 OT 试件裂纹驱动力的衰减区间,β 值即为 CRI 值。β 值越大说明沥青混合料的抗疲劳开裂能力越好。临界断裂能可通过公式(1-20)计算。临界断裂能越大,说明沥青混凝土的抗疲劳性能越好。基于一般的 OT 试验程序,目前也有学者采用带切口的 OT 试件,以及通过应力控制来改进该试验,从而实现特定的目的。

$$y = x^{0.0075\beta - 1} \tag{1-19}$$

$$G_c = \frac{W_c}{b \cdot h} \tag{1-20}$$

式中:G_c 为临界断裂能;W_c 为断裂功,可以根据荷载位移曲线包络的面积计算;b 为试件宽度,$b = 76$ mm;h 为试件高度,$h = 38$ mm。

1.4.3　间接拉伸试验

间接拉伸试验通过位移控制进行加载,加载速率为 50.8 mm/min。图 1-6 为加载过程中的应力-应变曲线。$DCSE_f$ 为蠕变耗散能,EE 为弹性耗散能。蠕变耗散能和弹性耗散能的总和为试件的断裂能。

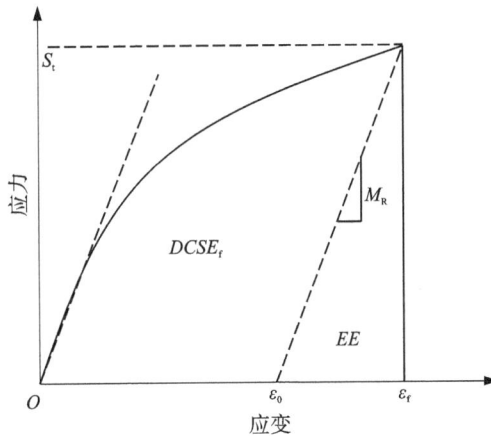

图 1-6　IDT 试验应力—应变曲线示意图

能量比(ER)可以用来表征沥青混凝土抗裂性能的优劣[73]。

$$ER = \frac{DCSE_f}{DCSE_{min}}$$

式中:$DCSE_{min}$ 为一个关于路面结构和材料性能的参数;$DCSE_{min}$ 和蠕变柔量密切相关。

$$DCSE_{min} = \frac{m^{2.98} \times D_1}{A}$$

式中:D_1 和 m 为通过间接拉伸蠕变试验获得的参数;A 为试件间接拉伸强度和沥青路面所承受的拉伸应力的函数。间接拉伸强度试验和间接拉伸蠕变试验的具体操作可参照规范[74]。

$$A = 0.0299\sigma_t^{-3.10}(6.36 - S_t) + 2.46 \times 10^{-8}$$

式中：σ_t 为沥青路面承受的拉伸应力；S_t 为间接拉伸强度。

1.4.4 常见的断裂性能测试方法

表 1-2 简单汇总了沥青混凝土断裂的测试方法、研究内容和评价指标。

表 1-2 沥青混凝土断裂性能测试方法、研究内容和评价指标

测试方法	研究内容	评价指标	参考文献
SCB	温拌胶粉沥青混凝土的开裂特性	开裂处水平应变、损伤因子、断裂能密度、蠕变应变能密度	[75]
SCB	厂拌热再生 SBS 改性沥青混凝土的抗裂性能	断裂能	[76]
SCB	基于 SCB 试验的沥青混合料低温性能评价指标研究	断裂能、断裂韧性、刚度	[77]
SCB	再生沥青混凝土断裂性能	等效应力强度因子、断裂能	[2]
SCB	纤维对沥青混凝土断裂性能的影响	抗拉强度、抗拉应变、CMOD、断裂能、断裂韧性	[22]
SCB	沥青混凝土低温断裂-愈合特性	断裂强度、断裂能、J 积分	[78]
SCB	一种基于 SCB 试验的断裂柔度指标	断裂能、m 值、柔度指标	[70]
SCB	基于 DIC 技术的沥青混凝土开裂特征量化研究	CMOD、CTOD、开口位移矩阵	[79]
SCB	试件尺寸和加载条件对沥青混凝土断裂性能的影响	断裂韧性、断裂能、柔度指标、抗裂指数	[80]
SCB	再生 SBS 沥青混凝土抗裂性能评价	断裂能	[81]
SCB	掺 RAP 的聚合物改性沥青混凝土疲劳开裂性能研究	耗散能、累积耗散能、疲劳寿命	[43]
间接拉伸	超薄磨耗层的抗裂性能	断裂能、抗裂指数、开裂后裂缝扩展速度	[82]
间接拉伸	超密实混凝土的 Ⅰ-Ⅱ 型裂纹扩展	应力强度因子	[83]
间接拉伸	间接拉伸条件下沥青混凝土微观开裂行为	应力、裂缝数目、耗散能	[84]
直接拉伸	水工沥青混凝土的拉伸断裂	拉伸强度、模量、峰值应变、黏聚力、内摩擦角	[32]
直接拉伸	沥青砂的单轴拉伸试验和混合料的细观损伤模拟	裂纹扩展路径、损伤分布	[85]
直接拉伸	单轴拉伸状态下沥青混合料的强度、刚度特性和破坏原因	动、静回弹模量，拉应变、应变能	[86]

续表1-2

测试方法	研究内容	评价指标	参考文献
圆盘拉伸	不同改性剂对沥青混凝土断裂性能的影响	断裂应变容限值、断裂能	[87]
圆盘拉伸	试件厚度对于密级配热拌沥青混合料断裂性能的影响	断裂韧性、断裂能	[88]
OT	大粒径沥青混凝土断裂性能	断裂能、分形维数、拉伸模量	[89]
OT	透水沥青混凝土抗反射开裂性能	断裂能、荷载周期、荷载损失率	[90]
OT	现场老化沥青混凝土的断裂性能	Paris' 定律的 A 和 n	[10]
ENDB	空隙率和温度对 ENDB 试件断裂性能的影响	应力强度因子	[91]
ADB	ADB 试件的 I/III 混合断裂	应力强度因子	[92]
Fénix 测试	加载速率和温度对断裂能的影响	断裂能、拉伸刚度	[93]

1.5 研究展望

目前，国内外学者从理论和试验方面对沥青混凝土断裂性能进行了大量的研究，得出了很多有益的结论，有力地推动了沥青混凝土抗裂耐久性的研究。但沥青混凝土的抗裂性能研究从理论与测试方法上仍有较大的完善空间。

首先，沥青本身是一种典型的黏弹塑性材料。沥青在低温和中温性能的变化给沥青以及沥青混凝土中低温时的断裂性能造成差异。低温时，沥青混凝土表现出较强的线弹性，一般采用应力强度因子来评价其抗裂性能；中温时，沥青混凝土的弹塑性使得应力强度因子不再适用于评价其抗裂性能，因而一般用能量释放率来表征其抗裂性能的优劣。因此，有必要结合线弹性断裂力学和弹塑性断裂力学，提出一种广义的跨温度域的指标来统一评价沥青混凝土中低温的断裂性能，该指标也可以将沥青的黏弹性行为和沥青混凝土的断裂性能紧密地结合起来。

其次，国内外规范中对沥青混凝土的 I 型断裂性能一般采用半圆弯曲（SCB）试验来测定，对于 II 型、III 型以及复合型断裂性能的测试目前没有统一的测试方法。沥青混凝土断裂测试方法以及测试条件的不同会在一定程度上影响测试结果的准确性。因此，有必要针对目前测试方法的不足，进一步完善针对沥青混凝土不同断裂模式的测试方法。另外，边界效应和尺寸效应也会影响断裂测试的准确性，有必要在这一方面做进一步的研究。

最后，国内外学者针对沥青混凝土在单调荷载作用下的断裂性能研究较多，而针对循环荷载作用下沥青混凝土的断裂行为的研究目前还较少。沥青混凝土路面的破坏很多时候不是因为荷载强度超过了极限强度或者应变超过了极限应变，而是因为循环荷载作用使得微细观裂纹发展为贯穿裂纹，从而导致路面结构的破坏。研究循环荷载作用下，沥青混凝土的裂纹开展规律及相应的抗裂措施对沥青混凝土路面耐久性的提升具有重要的意义。

2 沥青黏弹性

2.1 黏弹性理论基本概念

在连续体力学的范畴中，弹性体和黏性体是人们最早熟悉的两类物质或材料。弹性体在荷载作用下的应力状态和变形与时间无关，卸载后物质会完全恢复原状。在加载过程中，外界对弹性体所做的功以弹性势能的方式存储在材料中，卸载时这些能量又被完全释放出来。而黏性体在外力作用下的变形具有时间依赖性，具有不可逆的流动性。弹性通常是有序固体中沿着晶体学平面的键伸展引起的，而黏性则是非晶质材料中的原子或分子扩散引起的。在材料科学和连续介质力学中，黏弹性是指当材料受力而形变时，同时表现出黏性和弹性的特性。

黏弹性材料分为线性和非线性两种。如果材料的力学性能表现为线弹性和理想黏性的组合特性，则为线黏弹性材料。理想弹性材料服从胡克定律，应力正比于应变，应力随应变同相变化，具有瞬间形变、瞬间恢复的特性；而理想黏性体服从牛顿黏性定律，应力正比于应变率，应力随应变反相变化，形变与时间呈线性关系。另外黏弹性材料表现出非线弹性或非牛顿流体变形，或者同时表现出非线弹性和非牛顿流体变形，称为非线黏弹性材料。若黏弹性固体受一定载荷后产生屈服，出现塑性变形，或在弹性变形过程与塑性变形阶段均有黏性效应，物质同时呈现弹性、黏性和塑性特性，则为黏弹塑性物质。

同一种材料可能在不同的条件下表现出不同的黏弹性特征，即发生线黏弹性和非线黏弹性之间的转换。线黏弹性是目前研究的重点。线黏弹性材料的一个主要特征是松弛，松弛能力代表了在各种加载条件下，系统结构变化的可逆、弹性和不可逆、黏性的结果。黏弹性系统的松弛现象可以通过在时间域和频率域中应用两种类型的实验来分析：①在恒定应力条件下的应变松弛（蠕变实验）和在恒定应变条件下的应力松弛；②在低振荡应变条件下储存模量和损耗模量的变化。两种方法都可以用来确定黏弹性材料的流变参数和松弛能力。线黏弹性模型可以通过并联或串联一系列元件来组成，如弹簧单元和黏壶单元等。

2.1.1 蠕变

黏弹性材料在恒定的应力作用下，应变随着时间增加而增大的现象称为蠕变。一般用蠕变柔量来描述材料的蠕变特性，不同时间的蠕变柔量 $J(t)$ 定义为：

$$J(t) = \frac{\varepsilon(t)}{\sigma_0} \tag{2-1}$$

式中：$\varepsilon(t)$ 为恒定荷载 σ_0 作用下的应变，它是时间的函数；σ_0 为恒定的外荷载。

图 2-1 为在恒定应力作用下的蠕变曲线。

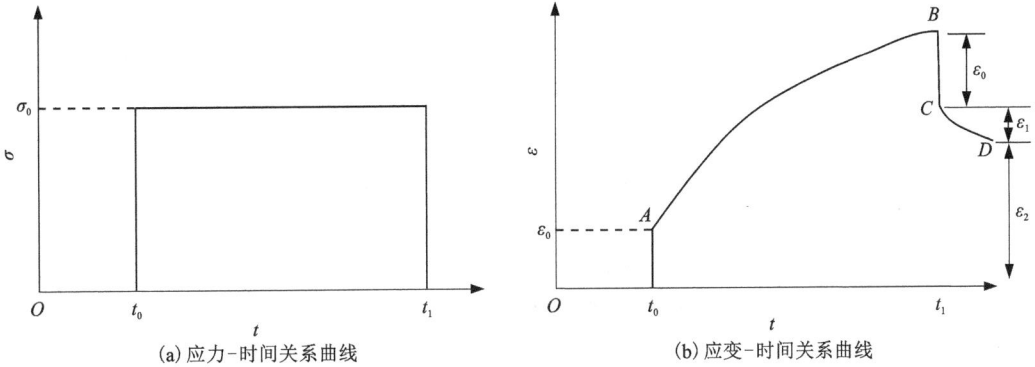

图 2-1 黏弹性材料的蠕变曲线

(a) 应力-时间关系曲线 　　(b) 应变-时间关系曲线

$$\varepsilon_0 = \frac{\sigma_0}{E(0)} \tag{2-2}$$

式中：ε_0 为瞬间的弹性应变；$E(0)$ 为弹性材料的瞬间弹性模量。

恒定荷载作用下，应变随时间逐渐增加，在 t_1 时刻，应变增加到 B 点值，AB 段的应变包含了可恢复应变和不可恢复应变。在 t_1 时刻卸载，会有瞬时的应变恢复如 BC 段，随后应变开始进一步缓慢地恢复，如 CD 段所示。

可以缓慢恢复的变形记为：

$$\varepsilon_1 = \frac{\sigma_0}{C(t)} \tag{2-3}$$

不可恢复的部分相当于黏性流动，有：

$$\varepsilon_2 = \frac{\sigma_0 t}{\eta} \tag{2-4}$$

式中：η 为黏性系数。

总应变为：

$$\varepsilon = \varepsilon_0 + \varepsilon_1 + \varepsilon_2 = \frac{\sigma_0}{E(0)} + \frac{\sigma_0}{C(t)} + \frac{\sigma_0 t}{\eta} \tag{2-5}$$

2.1.2　松弛

松弛是指黏弹性材料在应变恒定的情况下，应力随时间减小的现象。一般采用松弛模量来表征材料的松弛特性。不同时间的松弛模量定义为：

$$E(t) = \frac{\sigma(t)}{\varepsilon_0} \tag{2-6}$$

式中：ε_0 为作用在黏弹性材料上的恒定应变；$\sigma(t)$ 为随时间不断减小的应力。

对于沥青混合料而言，沥青的收缩有利于路面结构的安全。冬季降温时，沥青路面由于收缩会产生温度应力，而沥青的松弛特性使得温度应力逐渐降低，从而缓解温度应力导致的路面开裂的风险。因此，与水泥路面不同，沥青路面可以不设置伸缩缝。

蠕变和松弛本构关系是线黏弹性材料特性的两种表达形式，二者应该是等效的。经过 Laplace 变换后，蠕变模量 $E(s)$ 与松弛模量 $J(s)$ 之间关系为：

$$sE(s) = \frac{1}{sJ(s)} \tag{2-7}$$

式中：s 为拉式模量。

对式(2-7)进行 Laplace 变换

$$\int_0^t E(t-\tau) \frac{\mathrm{d}J(\tau)}{\mathrm{d}\tau}\mathrm{d}\tau = \int_0^t J(t-\tau) \frac{\mathrm{d}E(\tau)}{\mathrm{d}\tau}\mathrm{d}\tau = 1 \tag{2-8}$$

式中：t 为对应于某一时刻的时间；τ 为积分变量，也表示时间。

因此，已知蠕变柔量和松弛模量中的任一个，即可求出另外一个量的值。

2.2 黏弹性模型

如果一种材料属于理想的线弹性材料，那么施加在材料上的应力与材料内产生的应变呈线性关系。材料在变形的过程中，外力对材料做功并储存在材料内部，当撤销外力时，材料变形恢复到原来的位置。

$$\sigma = E \cdot \varepsilon \tag{2-9}$$

式中：σ 为应力；E 为材料弹性模量；ε 为应变。

黏度(η)是指流体对流动所表现的阻力。当流体（气体或液体）流动时，一部分在另一部分上流动时，会受到流体的内摩擦力。要使流体流动就需在流体流动方向上加一切线力以对抗阻力作用，如图 2-2 所示。

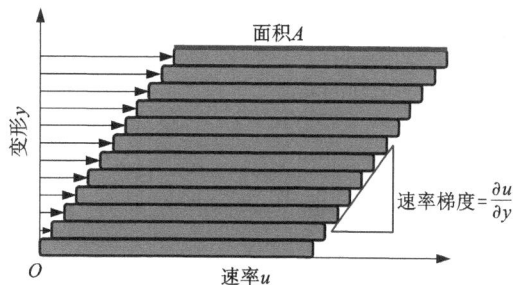

图 2-2　剪切变形及受力示意图

$$\eta = \frac{F}{A \cdot \left(\dfrac{\partial u}{\partial y}\right)} \tag{2-10}$$

将式(2-10)表示为应力的形式，即

$$\tau = \eta \frac{\partial u}{\partial y} \tag{2-11}$$

式中：τ 为剪应力。

有些材料会表现出单一的弹性，而另外一些材料则表现出纯粹的黏性，比如水。黏弹性材料则可以同时表现出黏性和弹性性能。

2.2.1 Maxwell 模型

Maxwell 模型是模拟材料黏弹性最简单的模型，由一个弹簧和一个黏壶串联组成，如图 2-3 所示。

图 2-3 Maxwell 模型

由于弹簧和黏壶是串联关系，各元器件上的受力相等：

$$\sigma_t = \sigma_s = \sigma_d \qquad (2\text{-}12)$$

式中：σ_t 为总的受力；σ_s 为弹簧受力；σ_d 为黏壶受力。

总的变形等于所有元器件变形之和：

$$\varepsilon_t = \varepsilon_s + \varepsilon_d \qquad (2\text{-}13)$$

式中：ε_t 为总的应变；ε_s 为弹簧应变；ε_d 为黏壶应变。

考虑时间因素，对式（2-13）求微分：

$$\frac{d\varepsilon_t}{dt} = \frac{d\varepsilon_s}{dt} + \frac{d\varepsilon_d}{dt} \qquad (2\text{-}14)$$

对于弹簧来说，对应力-应变关系求微分，可得：

$$\frac{d\varepsilon_s}{dt} = \frac{1}{E} \cdot \frac{d\sigma_s}{dt} \qquad (2\text{-}15)$$

对于黏壶来说，式（2-11）可以转化为：

$$\frac{d\varepsilon_d}{dt} = \frac{\sigma_d}{\eta} \qquad (2\text{-}16)$$

将式（2-15）、式（2-16）代入式（2-14），可得：

$$\frac{d\varepsilon_t}{dt} = \frac{1}{E} \cdot \frac{d\sigma_s}{dt} + \frac{\sigma_d}{\eta} \qquad (2\text{-}17)$$

因此：

$$\varepsilon_t = \frac{\sigma_s}{E} + \frac{\sigma_d}{\eta} t \qquad (2\text{-}18)$$

图 2-4 为在恒定应力 σ_0 作用下，Maxwell 体的应变-时间关系曲线。可以看出 Maxwell 体在瞬时弹性变形后，应变随时间呈线性增加。当荷载被卸除掉后，原有的瞬时弹性变形会立刻消失，残余的变形 $\sigma_0(t_1 - t_0)/\eta$ 为黏壶所导致的永久变形。

在恒定的应变 ε 条件下，$\dot{\varepsilon} = \dfrac{d\varepsilon}{dt} = 0$，求解式（2-17）可以得到 $\sigma = C \cdot e^{-Et/\eta}$。由初始条件 $t = 0$，$\sigma(0) = E\varepsilon_0$ 得应力为：

$$\sigma = E\varepsilon_0 \cdot e^{-Et/\eta} \qquad (2\text{-}19)$$

公式（2-19）描述了 Maxwell 模型的应力松弛过程，如图 2-5 所示。在施加应变的瞬时会产生应力响应值 $E\varepsilon_0$；在恒定应变 ε_0 作用下，应力不断减小；随着时间无限增加，应力逐渐衰减到 0。这一松弛过程的应力变化率为：

$$\frac{d\sigma}{dt} = -\frac{E}{\eta} \cdot E\varepsilon_0 \cdot e^{-Et/\eta} = -\frac{E}{\eta} \cdot \sigma_0 \cdot e^{-Et/\eta} \qquad (2\text{-}20)$$

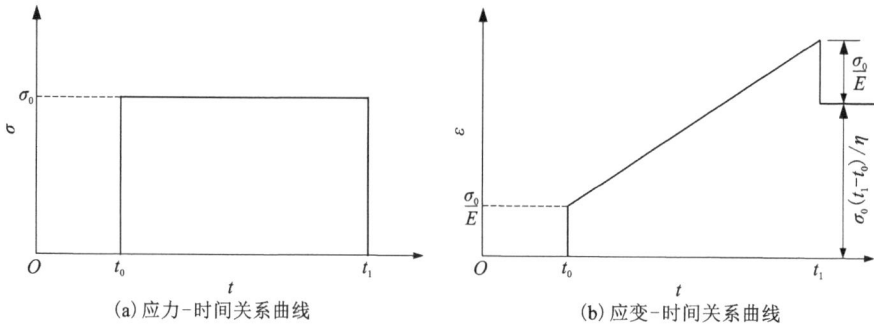

(a) 应力-时间关系曲线　　　　　(b) 应变-时间关系曲线

图 2-4　Maxwell 体的蠕变曲线

可以看出，应力松弛开始时的变化率最大，为 $-\dfrac{E}{\eta} \cdot \sigma_0$。如果应力按照这一比率随时间而变化，则可表示为 $\sigma(t) = \sigma(0) - \sigma(0) \cdot Et/\eta$，即图 2-5 中的直线，当 $t = \eta/E$ 时应力为零。η/E 这一时间被称为 Maxwell 体的松弛时间。$t = t_R$ 时，$\sigma = 0.37\sigma(0)$，这说明当保持 ε_0 到时刻 η/E 时，63% 的初始应力已经被消除。显然，松弛时间与材料的性质密切相关；黏度越大，松弛时间越长；弹性模量越大，松弛时间越短。当弹性模量增大到一定值时，则观察不到明显的应力松弛现象。

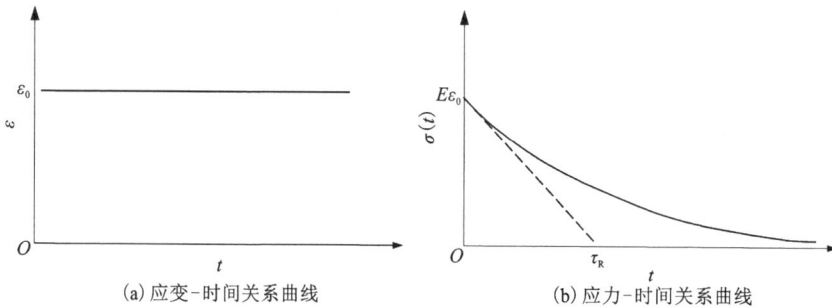

(a) 应变-时间关系曲线　　　　　(b) 应力-时间关系曲线

图 2-5　Maxwell 体的松弛曲线

2.2.2　Kelvin-Voigt 模型

Kelvin-Voigt 模型由一个弹簧和一个黏壶并联而成，如图 2-6 所示。模型的总变形与弹簧的变形和黏壶的变形相等，模型的应力等于弹簧受力与黏壶受力之和。

Kelvin-Voigt 模型的应力-应变之间存在的关系为：

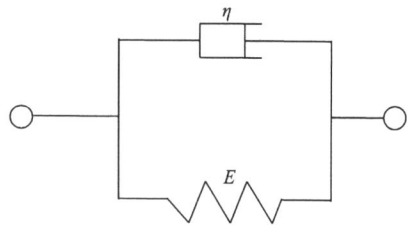

图 2-6　Kelvin-Voigt 模型

$$\varepsilon_t = \varepsilon_s = \varepsilon_d \tag{2-21}$$

$$\sigma_t = \sigma_s + \sigma_d \tag{2-22}$$

$$\sigma_t = E\varepsilon(t) + \eta \frac{d\varepsilon(t)}{dt} \tag{2-23}$$

对 Kelvin-Voigt 施加一个恒定的荷载 σ_0，根据式(2-23)可以得出：

$$\varepsilon(t)=\frac{\sigma_0}{E}(1-\mathrm{e}^{-t/\tau_\mathrm{d}}) \tag{2-24}$$

式中：$\tau_\mathrm{d}=\eta/E$，为 Kelvin-Voigt 体的延滞时间或延迟时间。

图 2-7 为恒定荷载作用下 Kelvin-Voigt 模型的应变随时间的变化规律曲线。可以看出，在应力不变的情况下，应变随时间增长逐渐增加，当时间趋近于无穷大时，$\varepsilon=\sigma_0/E$。如果在 Kelvin-Voigt 模型中没有黏壶的存在，则在应力 σ_0 的作用下，应变会瞬间达到 σ_0/E。黏壶的存在，延迟了应变的产生和发展。因此，Kelvin-Voigt 模型也称为延迟弹性模型。

当 $t=t_1$ 时卸载，考虑在物体上叠加 $-\sigma_0$，则有

$$\varepsilon(t)=\frac{-\sigma_0}{E}\left[1-\mathrm{e}^{-(t-t_1)/\tau_\mathrm{d}}\right] \tag{2-25}$$

将式(2-24)、式(2-25)的右端叠加，则可得到回复过程中的应变-时间关系：

$$\varepsilon(t)=\frac{\sigma_0}{E}(\mathrm{e}^{t_1/\tau_\mathrm{d}}-1)\cdot\mathrm{e}^{-t/\tau_\mathrm{d}} \tag{2-26}$$

式(2-26)描述了 t_1 时刻卸载 σ_0 后应变的回复过程。当 $t\rightarrow\infty$ 时有 $\varepsilon\rightarrow0$，体现了弹性固体的特征，只不过在此处是一种延滞弹性回复。

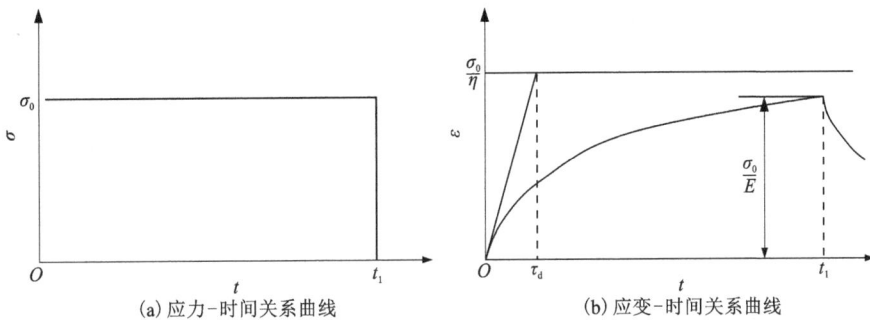

图 2-7　Kelvin-Voigt 模型的蠕变与回复

Kelvin-Voigt 模型不能体现应力松弛过程，因为黏壶发生变形需要时间，要有应变率 $\dfrac{\mathrm{d}\varepsilon(t)}{\mathrm{d}t}$，才有应力 σ，所以当应变维持常量 ε_0 时，黏壶不受力，全部应力由弹簧承受，$\sigma=E\varepsilon_0$。另外，作用阶跃应变 $\varepsilon_0 H(t)$，则 $\dot{\varepsilon}(t)=\varepsilon_0\delta(t)$，由应力-应变关系式(2-23)，可得

$$\sigma(t)=E\varepsilon_0 H(t)+\eta\varepsilon_0\delta(t) \tag{2-27}$$

其中右端第一项表示弹簧受到的应力，第二项则表示 $t=0$ 时有无限大的应力脉冲。因而 $t=0$ 时突加应变 ε_0 对 Kelvin-Voigt 模型来说是没有意义的。

Maxwell 和 Kelvin-Voigt 模型都是最简单的两参量黏弹性模型。Maxwell 模型能呈现应力松弛现象，但不便表示蠕变，只有稳态的流动；Kelvin 模型可以体现蠕变过程，却不能表示应力松弛。同时，两基本模型反映的应力松弛或蠕变过程的公式都只有一个含时间的指数函数，不便表述材料较为复杂的流变过程。因此，为了更好地描述实际材料的黏弹性行为，常用更多基本元件或者将 Maxwell 和 Kelvin-Voigt 模型组合而成其他模型。

2.2.3 Burgers 模型

Burgers 模型是由 Maxwell 模型和 Kelvin-Voigt 模型串联而成的四参数模型，如图 2-8 所示。Burgers 模型能够很好地反映黏弹性材料的本构关系。

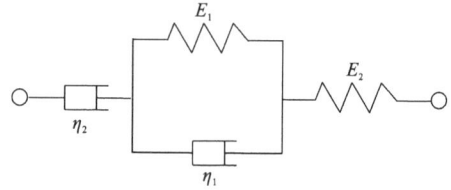

图 2-8 Burgers 模型

Burgers 模型的本构关系为：

$$\sigma + p_1\dot{\sigma} + p_2\ddot{\sigma} = q_1\dot{\varepsilon} + q_2\ddot{\varepsilon} \tag{2-28}$$

$$p_1 = \frac{\eta_2}{E_2} + \frac{\eta_1 + \eta_2}{E_1}, \quad p_2 = \frac{\eta_1 \eta_2}{E_1 E_2}, \quad q_1 = \eta_2, \quad q_2 = \frac{\eta_1 \eta_2}{E_1} \tag{2-29}$$

$$\sigma + \left(\frac{\eta_2}{E_2} + \frac{\eta_1 + \eta_2}{E_1}\right)\dot{\sigma} + \frac{\eta_1 \eta_2}{E_1 E_2}\ddot{\sigma} = \eta_2\dot{\varepsilon} + \frac{\eta_1 \eta_2}{E_2}\ddot{\varepsilon} \tag{2-30}$$

式中：σ 为应力，它是关于时间 t 的函数；η_1 和 η_2 为两个黏壶黏度；E_1 和 E_2 为两个弹簧的弹性模量；P_1、P_2、q_1、q_2 为与图 2-8 中弹性模量和黏度有关的参数。

在恒定荷载 σ_0 作用下，Burgers 模型的蠕变方程为：

$$\varepsilon(t) = \frac{\sigma_0}{E_1} + \frac{\sigma_0}{\eta_1}t + \frac{\sigma_0}{E_2}(1 - e^{-t/\tau_{d2}}) \tag{2-31}$$

式中：$\tau_{d2} = \eta_2/E_2$

图 2-9 为恒定荷载 σ_0 作用下 Burgers 模型的蠕变曲线。从式(2-31)可以看出，Burgers 模型的蠕变方程为 Maxwell 模型与 Kelvin-Voigt 模型蠕变方程之和。在恒定荷载初始加载的时刻，Burgers 模型即有瞬时的变形，这与 Maxwell 模型一致；随着加载时间的增加，应变逐渐增加，应变增加的速率大于 Maxwell 模型的应变增长速率，但随着时间的增加，Burgers 模型应变的增长速率将无线趋近于 Maxwell 模型。

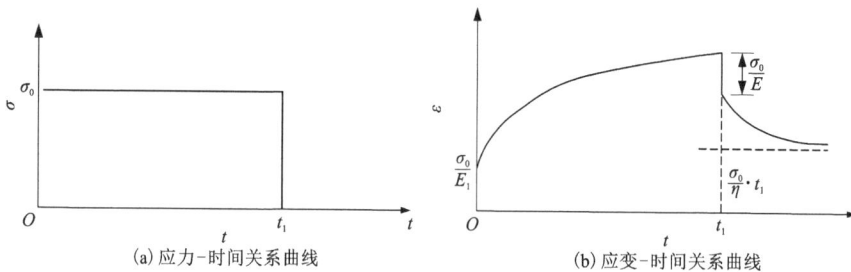

(a) 应力-时间关系曲线   (b) 应变-时间关系曲线

图 2-9 Burgers 模型的蠕变与回复曲线

在 t_1 时刻卸载 σ_0，考虑在物体上叠加 $-\sigma_0$，则有

$$\varepsilon(t) = -\frac{\sigma_0}{E_1} + \frac{\sigma_0}{\eta_1}(t - t_1) + \frac{\sigma_0}{E_2}(1 - e^{-\frac{t-t_1}{\tau_{d2}}}) \tag{2-32}$$

将式(2-31)、式(2-32)叠加在一起，可得到 Burgers 模型的回复方程：

$$\varepsilon(t) = \frac{\sigma_0}{\eta_1}t + \frac{\sigma_0}{E_1}(1 - e^{-t_1/\tau_{d2}})e^{-\frac{t-t_1}{\tau_{d2}}} \tag{2-33}$$

类似地，Burgers 模型的回复方程也可以看作是 Maxwell 模型和 Kelvin-Voigt 模型回复方程的叠加。在恒定荷载 σ_0 卸载的瞬时会有弹性变形 $\dfrac{\sigma_0}{E_1}$ 的瞬时回复；随着时间的增长，变形会逐渐减小，但减小的速率随着时间的增加而逐渐降低，当时间达到一定值时蠕变会趋近于 $\dfrac{\sigma_0}{\eta_1}t_1$，该变形属于永久变形。

在恒定应变 ε_0 作用下，式(2-30)可以转化为：

$$\sigma + \frac{\eta_1 E_1 + \eta_1 E_2 + \eta_2 E_1}{E_1 E_2}\dot{\sigma} + \frac{\eta_1 \eta_2}{E_1 E_2}\ddot{\sigma} = 0 \tag{2-34}$$

对式(2-34)进行求解，可得到 Burgers 模型的应力松弛表达式：

$$\sigma = \frac{E_1 \varepsilon_0}{\alpha - \beta} + \left[\left(\frac{1}{\tau_{d2}} - \beta\right)e^{-\beta t} - \left(\frac{1}{\tau_{d2}} - \alpha\right)e^{-\alpha t}\right] \tag{2-35}$$

式中：$\alpha = \dfrac{E_2\eta_1 + \sqrt{\eta_1^2 E_2^2 - 4\eta_2^2 E_1^2}}{2\eta_2 E_1}$；$\beta = \dfrac{E_2\eta_1 - \sqrt{\eta_1^2 E_2^2 - 4\eta_2^2 E_1^2}}{2\eta_2 E_1}$；$\tau_{d2} = \eta_2/E_2$

2.2.4　广义 Maxwell 模型和 Kelvin-Voigt 模型

多个 Maxwell 模型并联或多个 Kelvin-Voigt 模型串联所组成的模型，可以表述比较复杂的材料性质，描述更具普遍性的黏弹性力学行为，即广义的 Maxwell 模型和 Kelvin-Voigt 模型，如图 2-10 所示。

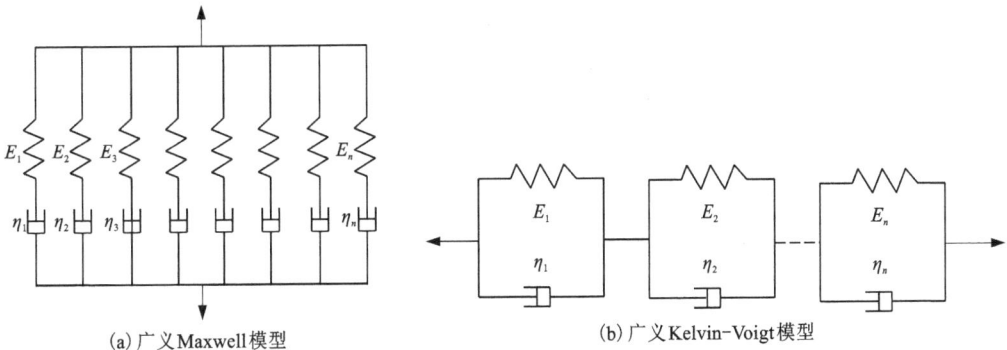

(a) 广义 Maxwell 模型　　　　　　　　　(b) 广义 Kelvin-Voigt 模型

图 2-10　一般黏弹性模型

对于广义 Kelvin 模型中的第 i 个单元来说，其应变为 ε_i，其弹簧弹性模量和黏壶黏度分别为 E_i 和 η_i，由式(2-23)得 $\sigma_i = E\varepsilon_i + \eta_i\dot{\varepsilon}_i$，记 $D = \dfrac{d}{dt}$，$D^2 = \dfrac{d^2}{dt^2}$，则有：

$$\varepsilon_i = \frac{\sigma}{E_i + \eta_i D} \tag{2-36}$$

由 n 个 Kelvin 单元组成的广义 Kelvin 模型的总应变为：

$$\varepsilon = \sum_{i=1}^{n}\varepsilon_i = \sum_{i=1}^{n}\frac{\sigma}{E_i + \eta_i D} \tag{2-37}$$

将公式(2-37)展开，可得广义 Kelvin 模型的本构方程：

$$p_0\sigma+p_1\dot{\sigma}+p_2\ddot{\sigma}+p_3\dddot{\sigma}+\cdots=q_0\varepsilon+q_1\dot{\varepsilon}+q_2\ddot{\varepsilon}+q_3\dddot{\varepsilon}+\cdots \tag{2-38}$$

可以写为：

$$\sum_{k=0}^{m}p_k\frac{d^k\sigma}{dt^k}=\sum_{k=0}^{n}q_k\frac{d^k\varepsilon}{dt^k} \quad n\geqslant m \tag{2-39}$$

式(2-39)为一般的一维线黏弹性微分本构方程。p_k 和 q_k 为决定于材料性质的参数，一般取 $p_0=1$。前面讲述的基本元件、两简单模型和基本模型的本构关系都是式(2-39)的特殊情形。当式(2-39)左右两边各取第一项，即为弹簧的应力应变关系；左右两边各取前三项，且令 $p_0=1$ 和 $q_0=0$，便得出 Burgers 模型的本构方程。

为讨论一般本构模型的材料函数，可采用 Laplace 变换的方法。将微分方程(2-39)进行 Laplace 变换，并考虑 $t=0^-$ 时，σ 和 ε 以及它们的各阶导数取零值的初始条件，则可得到代数方程为

$$\sum_{k=0}^{m}p_k s^k\overline{\sigma}(s)=\sum_{k=0}^{n}q_k s^k\overline{\varepsilon}(s) \tag{2-40}$$

或

$$\overline{P}(s)\overline{\sigma}(s)=\overline{Q}(s)\overline{\varepsilon}(s) \tag{2-41}$$

其中：

$$\overline{P}(s)=\sum_{k=0}^{m}p_k s^k;\ \overline{Q}(s)=\sum_{k=0}^{m}q_k s^k \tag{2-42}$$

为求得蠕变柔量，将 $\sigma=\sigma_0 H(t)$ 代入公式(2-41)，并考虑蠕变函数的定义式(2-1)，得

$$\overline{\varepsilon}(s)=\frac{\overline{P}(s)}{\overline{Q}(s)}\frac{\sigma_0}{s}=\overline{J}(s)\sigma_0 \tag{2-43}$$

式中：$\overline{J}(s)$ 为蠕变柔量的象函数。

$$\overline{J}(s)=\frac{\overline{P}(s)}{s\overline{Q}(s)} \tag{2-44}$$

逆变换后得蠕变柔量

$$J(t)=L^{-1}[\overline{J}(s)]=L^{-1}\frac{\overline{P}(s)}{s\overline{Q}(s)} \tag{2-45}$$

为了得到松弛模量，考虑 $\varepsilon(t)=\varepsilon_0 H(t)$ 的作用，并将 $\overline{\varepsilon}(s)=\varepsilon_0/s$ 代入式(2-41)，得

$$\overline{\sigma}(s)=\frac{\overline{Q}(s)}{\overline{P}(s)}\frac{\varepsilon_0}{s}=\overline{Y}(s)\varepsilon_0 \tag{2-46}$$

因而有

$$\overline{Y}(s)=\frac{\overline{Q}(s)}{s\overline{P}(s)} \tag{2-47}$$

松弛模量为

$$Y(t) = L^{-1}[\overline{Y}(s)] = L^{-1}\frac{\overline{Q}(s)}{s\overline{P}(s)} \tag{2-48}$$

应用式(2-44)、式(2-45)、式(2-47)和式(2-48)便可求出一般模型的蠕变柔量和松弛模量。例如,欲求 Burgers 模型的蠕变函数,从式(2-30)出发,有

$$\overline{J}(s) = \frac{\overline{P}(s)}{s\overline{Q}(s)} = \frac{1+p_1 s+p_2 s^2}{s(q_1 s+q_2 s^2)} \tag{2-49}$$

$$= \frac{1}{q_2}\left\{\frac{1}{s^2[(q_1/q_2)+s]} + \frac{p_1}{q_2}\frac{1}{s[(q_1/q_2)+s]} + \frac{p_2}{q_2}\frac{1}{[(q_1/q_2)+s]}\right\}$$

逆变换后得蠕变柔量

$$J(t) = \frac{t}{q_1} - \frac{q_2}{q_1}(1-e^{-q_1 t/q_2}) + \frac{p_1}{q_1}(1-e^{-q_1 t/q_2}) + \frac{p_2}{q_2}e^{-q_1 t/q_2} \tag{2-50}$$

进一步地

$$J(t) = \frac{1}{E_2} + \frac{t}{\eta_1} + \frac{1}{E_2}(1-e^{-E_2 t/\eta_2}) \tag{2-51}$$

根据式(2-44)、式(2-45)、式(2-47)和式(2-48),可以求出一般模型的蠕变柔量和松弛模量之间的相互关系。由式(2-44)、式(2-47)可得出材料蠕变柔量和松弛模量在 Laplace 象空间中的数学关系:

$$\overline{J}(s)\overline{Y}(s) = \frac{1}{s^2} \tag{2-52}$$

作逆变换后

$$\int_0^t J(t-\zeta)Y(\zeta)\,\mathrm{d}\zeta = t \tag{2-53}$$

或

$$\int_0^t J(\zeta)Y(t-\zeta)\,\mathrm{d}\zeta = t \tag{2-54}$$

式(2-54)即为线黏弹性材料的蠕变柔量和松弛模量之间的关系式。

2.3　Boltzmann 叠加原理

2.3.1　应力史影响下的应变加和

由式(2-1)知:

$$\varepsilon(t) = \sigma_0 J(t) \tag{2-55}$$

$J(t)$ 由材料性质决定,与应力大小无关。假设应力 σ_0 在 t_1 和 t_2 两个时刻施加。对线黏弹性体而言,这两种情况下的应变响应为:

$$\varepsilon(t) = \sigma_0 J(t-t_1) \tag{2-56}$$

$$\varepsilon(t) = \sigma_0 J(t-t_2) \tag{2-57}$$

在某一时刻 T,相对于上面两种不同的应力史,应变分别为 $\sigma_0 J(t-t_1)$ 和 $\sigma_0 J(t-t_2)$。这说明,对于黏弹性材料,应变的响应同时取决于应力的大小和应力的历史。

现在考虑两步应力史的情况，即在 t_1 和 t_2 两个时刻分别对黏弹性体增加 $\Delta\sigma_1$ 和 $\Delta\sigma_2$ 的应力。图 2-11 为两步应力作用下的应变响应示意图。

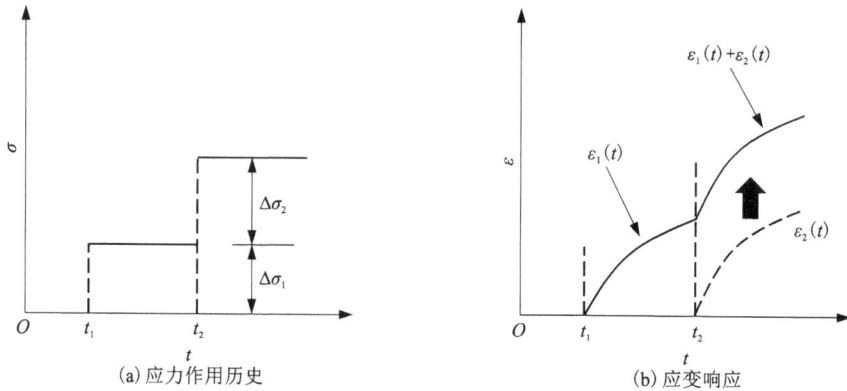

（a）应力作用历史　　　（b）应变响应

图 2-11　两步应力作用下应力及应变响应

应力可以按照式(2-58)分段施加：

$$\sigma(t)=\begin{cases}0 & t\leqslant t_1\\ \Delta\sigma_1 & t_1\leqslant t\leqslant t_2\\ \Delta\sigma_1+\Delta\sigma_2 & t\geqslant t_2\end{cases} \tag{2-58}$$

在 t_2 时刻，应力在 $\Delta\sigma_1$ 上又增加了 $\Delta\sigma_2$，t_2 时刻的应变响应相当于 $\Delta\sigma_1$ 和 $\Delta\sigma_2$ 同时引起的应变响应之和。系统的应变响应为：

$$\varepsilon(t)=\begin{cases}0 & t\leqslant t_1\\ \Delta\sigma_1 J(t-t_1) & t_1\leqslant t\leqslant t_2\\ \Delta\sigma_1 J(t-t_1)+\Delta\sigma_2 J(t-t_2) & t\geqslant t_2\end{cases} \tag{2-59}$$

从式(2-59)可以看出，对于任意的应力史，在给定的时刻 t，应变史是所有应力的函数。而且，应变 $\varepsilon(t)$ 并不取决于该时刻的应力 $\sigma(t)$，而是取决于该时刻 t 之前的全部应力史。图 2-12 所示为不同应力史的两步应力加载示意图，虽然从 t_2 时刻开始，三种情况下应力都相同，但由于 t_2 之前的应力史不同，因此最终的应变响应显然不同。

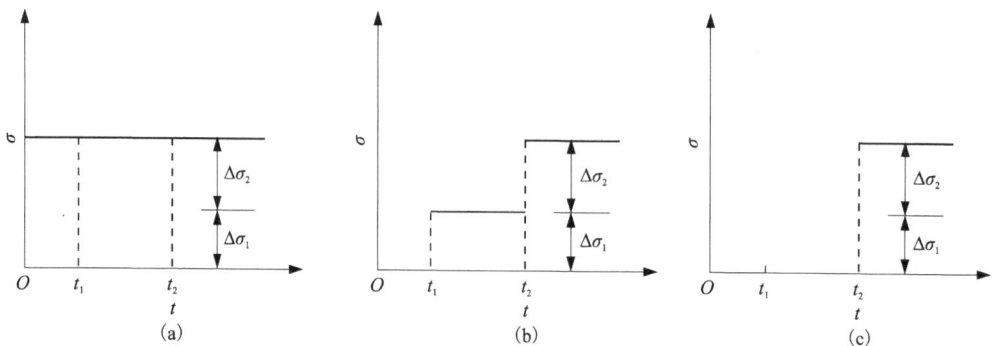

（a）　　　　　　（b）　　　　　　（c）

图 2-12　不同应力史的两步应力加载示意图

2.3.2 Boltzmann 叠加原理

类似于图 2-11，当应力史为连续的随时间变化
的函数 $\sigma(t)$ 时，如图 2-13 所示。可近似地将连续
的应力史在时间尺度上离散化，将其看作多步负荷。
类似于式(2-59)，连续荷载作用下的应变响应如
式(2-60)所示。

$$\varepsilon(t) = \int_0^{\sigma(t)} J(t-\theta)\,\mathrm{d}\sigma(\theta) \qquad (2-60)$$

式中：θ 为横坐标参量，即时间。

对式(2-60)换元，有

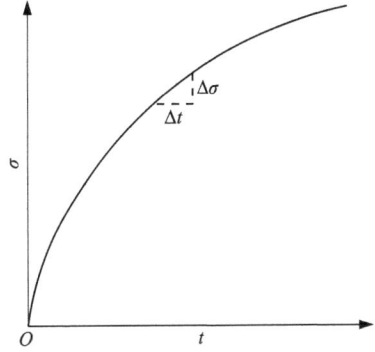

图 2-13　Boltzmann 叠加示意图

$$\varepsilon(t) = \int_{-\infty}^{t} J(t-\theta)\frac{\mathrm{d}\sigma(\theta)}{\mathrm{d}\theta}\mathrm{d}\theta \qquad (2-61)$$

式(2-61)就是 Boltzmann 加和性原理的数学表达式，表明应变与全部应力史呈线性叠加
的关系。对于某特定的材料，在已知蠕变柔量 $J(t)$ 和全部应力史的情况下，就可以计算任意
时刻的应变 $\varepsilon(t)$。

将式(2-61)中的积分变量变换：

$$T = t - \theta \qquad (2-62)$$

则有

$$\varepsilon(t) = \int_0^{\infty} J(t)\frac{\mathrm{d}\sigma(t-T)}{\mathrm{d}(t-T)}\mathrm{d}T \qquad (2-63)$$

根据分布积分原理

$$\varepsilon(t) = -J(T)\sigma(t-T)\Big|_0^{\infty} + \int_0^{\infty}\sigma(t-T)\mathrm{d}J(t) \qquad (2-64)$$

由于 $\sigma(-\infty)=0$，$J(0)=J_0$，则有

$$\varepsilon(t) = J_0\sigma(t) + \int_0^{\infty}\sigma(t-T)\frac{\mathrm{d}J(T)}{\mathrm{d}T}\mathrm{d}T \qquad (2-65)$$

或

$$\varepsilon(t) = J_0\sigma(t) + \int_{-\infty}^{t}\sigma(\theta)\frac{\mathrm{d}J(t-\theta)}{\mathrm{d}(t-\theta)}\mathrm{d}\theta \qquad (2-66)$$

式(2-66)也是 Boltzmann 加和性原理的数学表达式。

对于松弛而言，即指定的应变史，其应力响应也符合 Boltzmann 加和性原理。对任何给
定的连续的应变史 $\varepsilon(t)$，响应的应力史为：

$$\sigma(t) = \int_{-\infty}^{t} E(t-\theta)\frac{\mathrm{d}\varepsilon(\theta)}{\mathrm{d}\theta}\mathrm{d}\theta \qquad (2-67)$$

或

$$\sigma(t) = E_0\varepsilon(t) + \int_0^{\infty}\varepsilon(t-T)\frac{dE(T)}{\mathrm{d}T}\mathrm{d}T \qquad (2-68)$$

2.4　动态响应和时温等效

2.4.1　动态响应

材料在实际服役过程中受力会随着时间发生变化，黏弹性材料在动态荷载作用下会有不同于其他材料的响应。图 2-14 为不同材料在正弦波荷载下的应变响应图，对于弹性体来讲，应变随着应力的发展而同步发展；对于牛顿流体来讲，应变响应滞后于应力 0.25 个周期，相位角 $\delta = \dfrac{\pi}{4}$；对于一般的黏弹性材料，应变响应滞后于应力，但相位角为 $0 < \delta < \dfrac{\pi}{4}$。

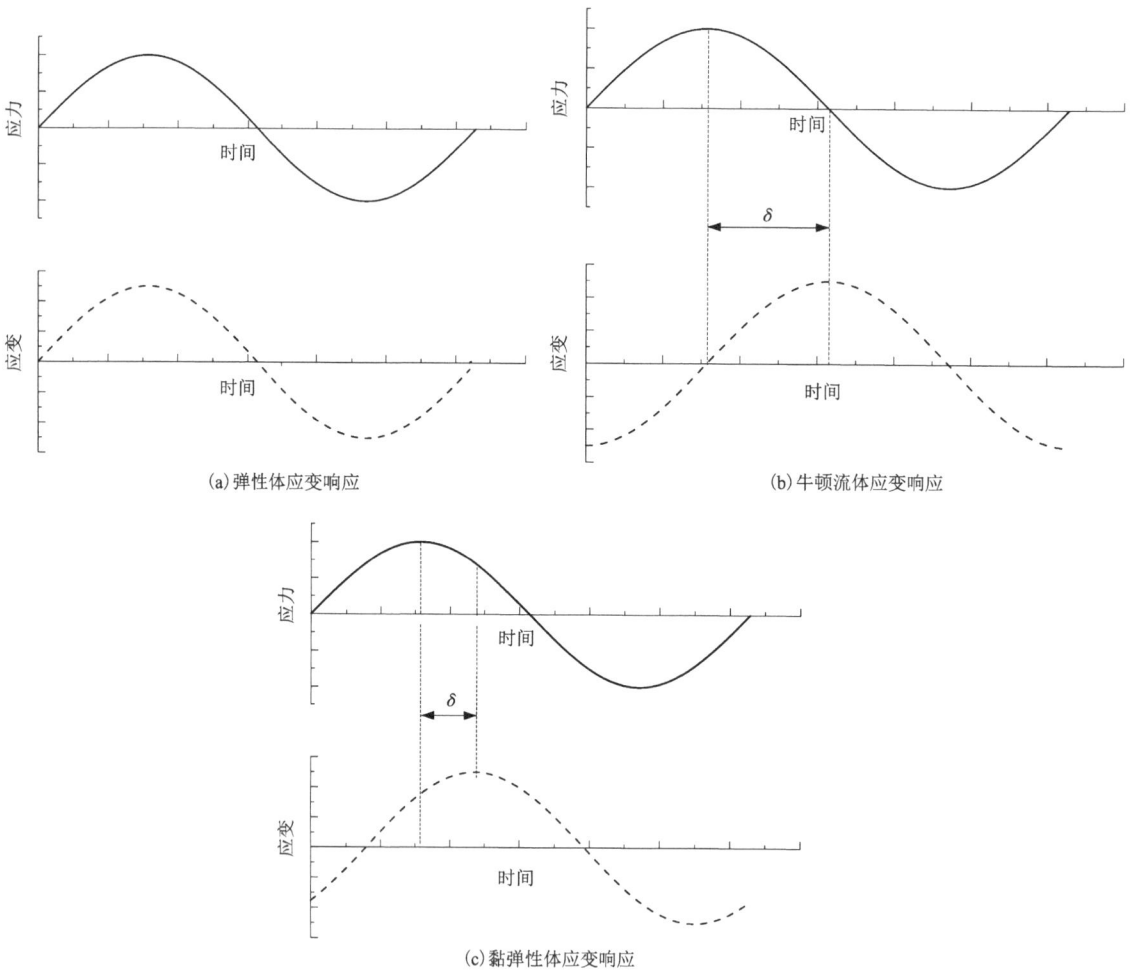

(a)弹性体应变响应　　　　　　　　　　(b)牛顿流体应变响应

(c)黏弹性体应变响应

图 2-14　不同类型材料的应变响应

2.4.2 时温等效原理

时间-温度等效(时温等效)原理的基本含义是,延长加载时间(或降低加载频率)与升高试验温度对黏弹性材料的黏弹性响应具有等效作用;缩短加载时间(或提高加载频率)与降低试验温度对黏弹性材料的黏弹性响应具有等效作用。根据时间-温度等效原理,可以将不同温度下测得的黏弹性试验数据沿着对数时间或频率轴平移叠加,从而形成一条在选定参考湿度下单一、平滑的曲线——主曲线。显然,利用时温等效原理,可获得比试验仪器测试时间更长或频率范围更宽的有效数据。

时温等效可以表示为

$$E(t, T) = E(\zeta, T_0) \tag{2-69}$$

式中:t 和 ζ 为时间;T_0、T 为参考温度;E 为模量,可以是松弛模量也可以是蠕变模量。

上式表明:温度为 T、时刻为 t 的模量与温度为 T_0,时刻为 ζ 的模量等效。温度不同引起的材料黏弹性的变化相当于参数在时间刻度上水平移动的结果。不同温度下的试验数据沿着对数时间或频率轴移动的距离(α_T)称为时间-温度移位因子,它是温度的函数。平移后与试验数据对应的时间(t_r)和角频率(ω_r)分别称为缩减时间和缩减角频率。它们与试验时间(t)和试验角频率(ω)的关系为:

$$t_r = \frac{t}{\alpha_T} \tag{2-70}$$

$$\omega_r = \omega \cdot \alpha_T \tag{2-71}$$

时间-温度移位因子可以表示为温度的函数,例如 Williams-Landel-Ferry (WLF)方程、Arrhenius 方程以及温度的二次多项式。其中 WLF 方程为常用方程,可以表示为:

$$\lg \alpha_T = \frac{-C_1(T-T_0)}{C_2+T-T_0} \tag{2-72}$$

式中:C_1 和 C_2 为正的模型参数;T_0 为参考温度。

2.5 沥青流变性能试验

2.5.1 DSR 试验介绍

DSR 试验测试沥青性能时,其工作原理是模拟路面在车辆荷载作用下的响应状态,因此采用剪切加载模式进行试验,通常施加正弦形式的剪切应力或剪切应变。由于沥青具有黏弹性,应力产生的应变会存在一定的滞后性,这个滞后周期就是相位角,如图 2-14 所示。

复数剪切模量(G^*)是表征沥青材料抗变形能力的指标,G^* 越大,材料的抗变形能力越强。相位角(δ)是评价沥青材料弹性和黏性成分占比的指标,δ 越大,沥青的黏性成分越大,越易发生不可恢复的永久变形;δ 越小,沥青弹性可恢复成分越多。复数剪切模量(G^*)是剪切应力最大值(τ_{max})和剪切应变最大值(γ_{max})的比值,具体计算方法如公式(2-73)所示。

$$G^* = \frac{\tau_0 \sin wt}{\gamma_0 \sin(wt+\delta)} = G' + iG'' \tag{2-73}$$

式中:G^* 为复数剪切模量;G' 为存储模量;G'' 为损失模量;w 为角速度;τ_0 为应力的振幅;

t 为时间；γ_0 为应变的振幅。

存储模量(G')代表了沥青在荷载作用下弹性部分存储的弹性模量，损失模量(G'')相当于表征黏性特征抵抗变形的损失弹性模量。G^* 为 G' 和 G'' 的矢量和，三者的关系可用图 2-15 表示。

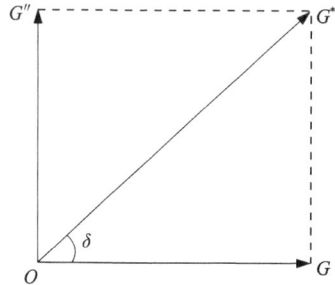

图 2-15　复数剪切模量的坐标表示示意图

另外，在 SHRP 沥青路用性能中，还采用车辙因子($G^*/\sin\delta$)和疲劳因子($G^* \cdot \sin\delta$)评价沥青的性能。车辙因子越大，表示沥青高温性能越好。疲劳因子越小，沥青的抗疲劳性能越佳。

2.5.2　温度扫描试验

温度扫描试验用于评价沥青的高温流变性能，该试验相关参数设置如表 2-1。温度设置为 40~84℃，能够完整覆盖 SHRP 计划 PG 分级中的 7 个高温等级；以应变控制模式进行试验，采用 0.5% 的应变控制水平能够保证应力和应变极限处在线黏弹性(LVE)范围内；温度扫描试验的频率为 10 rad/s，对应 70 km/h 的交通速度。

表 2-1　温度扫描试验参数

参数设置	参数值
扫描温度/℃	40~84(线性变化)
转子直径/mm	25
平行板间距/mm	1
应变水平/%	0.5
加载频率/(rad·s^{-1})	10
数据采集点个数/个	16

2.5.3　频率扫描试验

沥青路面在车辆荷载的作用下会表现出不同的动态效应，沥青胶浆呈现出的黏弹性质也会随着荷载作用频率的不同而不同，通过对沥青试件施加连续变化的频率，可以发现其在路用过程中黏弹性的变化情况。为获得广泛的温度和加载频率下沥青样品的黏弹特性，在10~30℃的中低温和40~70℃的中高温条件下，采用应变控制模式进行频率扫描，温度间隔为10℃，每个温度下的扫描频率为0~30 Hz。中低温采用直径8 mm的转子，平行板间距为2 mm，中高温采用直径25 mm的转子，平行板间距为1 mm，加载的应变控制水平为1%。采集不同温度下的频率扫描数据后，可根据时间-温度转换法则获得沥青在指定基准温度下的复数模量主曲线和相位角主曲线。

2.5.4　多重应力蠕变恢复(MSCR)试验

多重应力蠕变恢复(MSCR)试验用于评价沥青在剪切蠕变荷载下的可恢复弹性变形和不可恢复的黏性变形，是评价沥青高温性能的一种较好的方法，能够与温度扫描试验获得的车辙因子等结果进行相互验证。

根据AASHTO M332-14，MSCR试验采用动态剪切流变仪中的MSCR程序在特定温度下进行，采用的转子直径为25 mm，加载时平行板间距设为1 mm。试验在应力控制方式下进行，分两个应力阶段，即采用0.1 kPa和3.2 kPa的应力控制水平进行加载。试验温度主要参考AASHTO T350中沥青性能分级(PG)试验中确定的PG高温，沥青试样放入加载板之间后，将温度调整到指定温度并启动试验，设备将自动以对应的应力值进行试验并记录数据。

MSCR试验程序共加载30个周期，其中在应力水平为0.1 kPa的条件下，第一次加载10个周期用于调节试样，不记录数据，第二次加载10个周期，记录数据；然后在应力水平为3.2 kPa的条件下，第三次加载10个周期，记录数据，数据由试验系统自动完成采集。每个周期的测试过程包括1 s恒定应力剪切加载和9 s的零应力蠕变恢复。每个周期的数据记录过程为：在恒定应力加载阶段，应力和应变每0.1 s记录1次，在零应力恢复阶段，应力和应变应至少每0.45 s记录1次。循环加载下的蠕变-恢复曲线如图2-16所示。

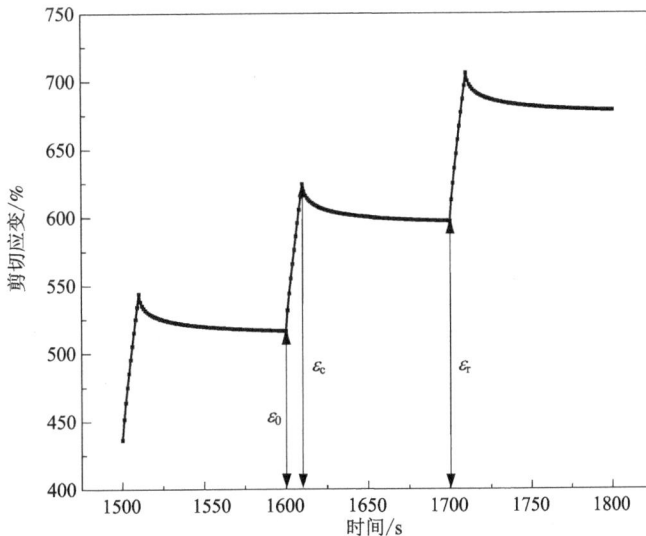

图2-16　沥青MSCR试验的蠕变-恢复曲线

试验采用蠕变变形恢复率 R 和不可恢复蠕变柔量 J_{nr} 来评价沥青的黏弹特性，用两个应力敏感指标变形恢复率差值 R_{diff} 和不可恢复蠕变柔量差值 $J_{nr-diff}$ 来评价沥青对加载应力的敏感性。变形恢复率 R 越大，不可恢复蠕变柔量 J_{nr} 越小，表明沥青的弹性性能越佳；变形恢复率差值 R_{diff} 和不可恢复蠕变柔量差值 $J_{nr-diff}$ 越小，则说明沥青对应力的敏感性越低，即应力变化对沥青造成的影响较小。相关指标的计算公式如式(2-74)~式(2-77)所示。

$$\varepsilon_1 = \varepsilon_c - \varepsilon_0 \tag{2-74}$$

$$\varepsilon_{10} = \varepsilon_r - \varepsilon_0 \tag{2-75}$$

$$R = (\varepsilon_1 - \varepsilon_{10})/\varepsilon_1 \tag{2-76}$$

$$J_{nr} = (\varepsilon_r - \varepsilon_0)/\sigma \tag{2-77}$$

式中：ε_0 为加载周期中的初始应变值；ε_c 为加载周期结束时的最大应变值；ε_r 为加载周期结束时的最大应变值；σ 为加载应力；ε_{10} 为 10 个加载周期时的应变值。

分别对 0.1 kPa 和 3.2 kPa 应力水平的 10 个加载周期的 R 和 J_{nr} 计算平均值，如式(2-78)~式(2-81)所示，就得到平均变形恢复率 $R_{0.1}$ 和 $R_{3.2}$ 及平均不可恢复蠕变柔量 $J_{nr0.1}$ 和 $J_{nr3.2}$。

$$R_{0.1} = \mathrm{sum}\left[R(0.1, N)\right]/10 \tag{2-78}$$

$$R_{3.2} = \mathrm{sum}\left[R(3.2, N)\right]/10 \tag{2-79}$$

$$J_{nr0.1} = \mathrm{sum}\left[J_{nr}(0.1, N)\right]/10 \tag{2-80}$$

$$J_{nr3.2} = \mathrm{sum}\left[J_{nr}(3.2, N)\right]/10 \tag{2-81}$$

式中：$R(0.1, N)$ 为 0.1 kPa 加载应力下第 N 个加载周期的变形恢复率；$J_{nr}(0.1, N)$ 为 0.1 kPa 加载应力下第 N 个加载周期的不可恢复蠕变柔量；$R(3.2, N)$ 为 3.2 kPa 加载应力下第 N 个加载周期的变形恢复率；$J_{nr}(3.2, N)$ 为 3.2 kPa 加载应力下第 N 个加载周期的不可恢复蠕变柔量。

最后，采用式(2-82)、式(2-83)计算应力敏感指标变形恢复率差值 R_{diff} 和不可恢复蠕变柔量差值 $J_{nr-diff}$。

$$R_{diff} = \left[(R_{0.1} - R_{3.2})/R_{0.1}\right] \times 100\% \tag{2-82}$$

$$J_{nr-diff} = \left[(J_{nr3.2} - J_{nr0.1})/J_{nr0.1}\right] \times 100\% \tag{2-83}$$

2.5.5 线性振幅扫描(LAS)试验

线性振幅扫描(LAS)试验通过循环加载的方式，来确定沥青在荷载振幅呈线性增加的循环荷载作用下抵抗破坏的性能，其荷载振幅线性增加的目的是加速沥青的疲劳破坏。相对于疲劳因子，LAS 试验能够更加全面准确地评价沥青的疲劳损伤特性。LAS 试验采用简化的黏弹性连续介质理论 S-VECD 模型来计算分析沥青的疲劳损伤特性，疲劳方程为：

$$N_f = A(\gamma_{max})^{-B} \tag{2-84}$$

式中：A 和 B 为拟合参数；γ_{max} 为路面结构的实际预估最大应变。

根据 AASHTO TP 101-14，LAS 试验采用动态剪切流变仪中的 LAS 测试程序在中温条件下进行，本书采用的试验温度为 25℃，试验采用直径为 8 mm 的转子，加载时平行板间距为 2 mm。

LAS 试验分为两个阶段：

第一阶段为频率扫描，用于计算参数 α。参数 α 表征沥青材料损坏前的属性信息，并用

于计算疲劳方程中的参数 B。该阶段选用 DSR 自带的频率扫描程序，在 0.2 至 30 Hz 的频率范围内施加 0.1% 的应变荷载，选取 0.2 Hz、0.4 Hz、0.6 Hz、0.8 Hz、1.0 Hz、2.0 Hz、4.0 Hz、6.0 Hz、8.0 Hz、10 Hz、20 Hz、30 Hz 这 12 个特定频率(Hz)进行采样，记录每个频率下的动态剪切模量 $|G^*|(\omega)$ 和相位角 $\delta(\omega)$，如图 2-17 所示。

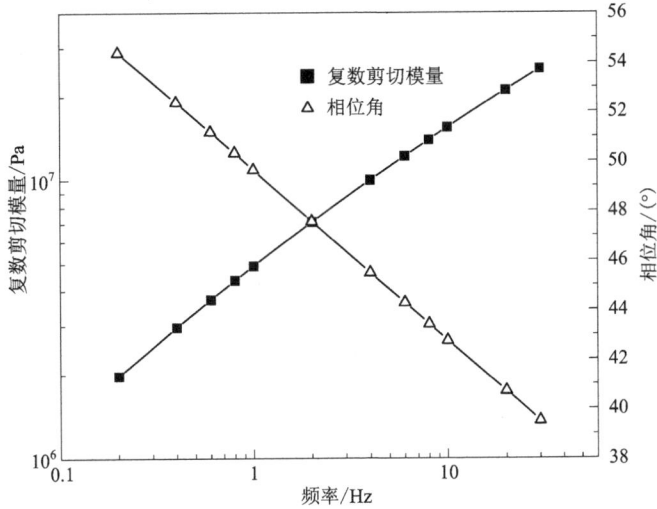

图 2-17 频率扫描示意图

第二阶段为振幅扫描，在特定频率(10 Hz)下，以应变控制方式进行震荡剪切加载，加载的正弦波荷载振幅从 0 线性增长至 30%，共计加载 3100 次。试验每 10 个循环(1 s)记录 1 次峰值剪切应变、峰值剪切应力、动态剪切模量和相位角等数据的平均值，并通过振幅扫描的数据计算疲劳方程(2-84)的拟合参数 A 和 B。

3 沥青混凝土线弹性断裂力学

3.1 原子尺度上的断裂

原子尺度上的断裂理论认为当在原子水平上施加的力超过两个原子之间的吸引力时，两个原子就会发生分离或者断裂。图 3-1 为原子之间的势能和力与距离的关系示意图。平衡间距出现在势能达到最小值的地方。当一对原子从该平衡位置相互远离，即相互距离增大时，则需要对这对原子施加拉力，这个力必须超过内聚力才能使两个原子完全断开。

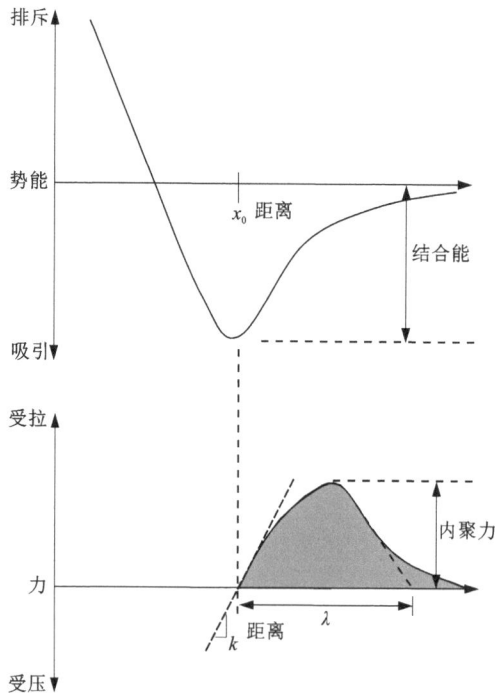

图 3-1 势能和力与原子间距离的关系

结合能(E_b)式为：

$$E_b = \int_{x_0}^{\infty} P\mathrm{d}x \tag{3-1}$$

式中：x_0 为平衡距离；P 为施加的力；x 为测量标距。

可以将原子间的力-位移关系理想化为正弦波周期的一半，来估算原子级别的内聚强度。

$$P = P_c \sin\left(\frac{\pi x}{\lambda}\right) \tag{3-2}$$

式中：P_c 为按照正弦波计算的力的振幅；λ 为原子间距离，定义如图 3-1 所示。

由于 x 非常小，式(3-2)可以转化为

$$P = P_c\left(\frac{\pi x}{\lambda}\right) \tag{3-3}$$

另外，定义黏结韧度为

$$k = P_c\left(\frac{\pi}{\lambda}\right) \tag{3-4}$$

假设单位面积上有 n 个黏结且 x 为测量标距，在式(3-4)两侧分别乘以 nx，则 k 转化为弹性模量 E，且 P_c 转化为内聚力强度 σ_c。因此：

$$\sigma_c = \frac{E\lambda}{\pi x} \tag{3-5}$$

假设 $\lambda \approx x$，则

$$\sigma_c \approx \frac{E}{\pi} \tag{3-6}$$

表面能(γ_s)可以通过公式(3-7)估算：

$$\gamma_s = \frac{1}{2}\int_0^{\lambda} \sigma_c \sin\left(\frac{\pi x}{\lambda}\right) \mathrm{d}x = \sigma_c \frac{\lambda}{\pi} \tag{3-7}$$

由于在断裂过程中形成了两个表面，因此式(3-7)包含了系数 1/2。将式(3-5)代入式(3-7)代：

$$\sigma_c = \sqrt{\frac{E\gamma_s}{x}} \tag{3-8}$$

3.2 Griffith 理论与 Irwin 理论

3.2.1 Griffith 理论

1913 年，Inglis[94]求解出了单位厚度的带椭圆孔的无限大平板受拉应力 σ 的平面问题（图 3-27）。最大应力(δ_{max})发生在椭圆孔长轴的端点，应力集中系数的公式为：

$$\sigma_{max} = \left(1 + 2\frac{a}{b}\right)\sigma \tag{3-9}$$

式中：a 和 b 分别为椭圆孔的半长轴和半短轴。当 b 趋近于 0 时裂纹的表面积为 $4a$。

Inglis 把裂纹看作是 b 趋于 0 的椭圆孔，并由此得出裂纹端部应力集中为无限大，首次把裂纹作为短轴为零的椭圆孔而引入到应力分析中。但该公式有一个很大的缺陷：当裂缝短轴趋近于 0 时，裂缝尖端的应力趋近于无穷大，这与实际情况不相符。

1922 年，Griffith 在研究玻璃和陶瓷等脆性材料的断裂问题时，发现玻璃的实际强度远低

于其理论强度。Griffith 认为玻璃内部存在大量的微小裂纹或者缺陷。当裂纹扩展单位长度时，玻璃的表面能因自由表面积增加而增加，裂纹扩展单位长度所释放的应变能 G 可以平衡增加的表面能。Criffith 首先提出将断裂强度与裂纹长度定量地联系这一概念并在断裂判据中引入表面能的概念且获得了成功，奠定了经典断裂力学的基础。

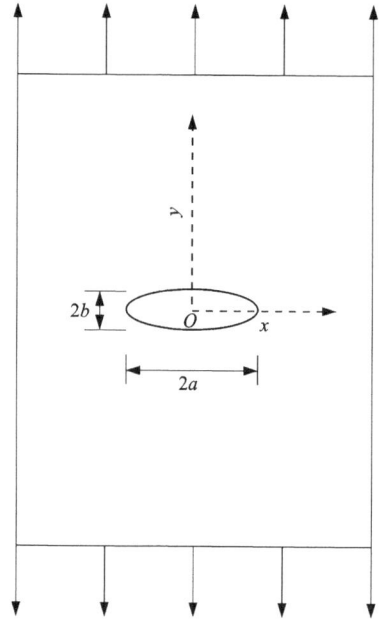

图 3-2　带椭圆孔的无限平板

利用该理论，Griffith 给出了椭圆长轴长度为 $2a$、短轴长度为 0 时 Inglis 的弹性应变能释放公式：

$$U_e = \frac{\pi\sigma^2 a}{E} \qquad (3-10)$$

裂纹面积为 A 的裂纹上下两个表面能（总的表面能 U_s）为：

$$U_s = 2A\gamma_s \qquad (3-11)$$

式中：γ_s 为单位自由表面的表面能，简称单位表面能。

当 $U_e = U_s$ 时，裂纹处于临界状态：

$$G = \frac{\partial U_e}{\partial A} = \frac{\partial U_s}{\partial A} = 2\gamma_s \qquad (3-12)$$

式中：G 为能量释放率或裂纹扩展力。

同时可以获取临界状态下的应力公式：$\sigma_c = \sqrt{2E\gamma_s/(\pi a)}$。可以看出该应力公式与公式（3-8）类似。

Griffith 裂纹失稳扩展的条件为：

$$G \geq 2\gamma_s，\text{或 } \sigma \geq \sigma_c \qquad (3-13)$$

3.2.2　Irwin 理论

借由 Griffith 理论，20 世纪 50 年代 Irwin[95] 和 Orowan[96] 开始研究韧性金属的脆性断裂。Griffith 认为断裂过程只需要考虑表面能，但在研究韧性金属的脆性断裂过程中，必须在考虑表面能的同时考虑裂纹尖端附近塑性变形所需的能量，也称为塑性应变能。在这种情况下，Griffith 理论中的单位表面能 γ_s 将由 $\gamma_s + \gamma_p$ 替代，即

$$\sigma_c = \sqrt{\frac{2E(\gamma_s + \gamma_p)}{\pi a}} \qquad (3-14)$$

按照热力学能量守恒定律，单位时间内，外界对系统所做的功 W 等于系统储存的应变能 U、动能 T 以及不可恢复耗的散能 D 的总和，即

$$\frac{dW}{dt} = \left(\frac{dU}{dt}\right) + \left(\frac{dT}{dt} + \frac{dD}{dt}\right) \qquad (3-15)$$

当裂纹处于准静态时，动能不随时间变化，即 $\frac{dT}{dt} = 0$。对于不可恢复的消耗能，则有：

$$\frac{\mathrm{d}D}{\mathrm{d}t} = \frac{\mathrm{d}D}{\mathrm{d}A_t} \cdot \frac{\mathrm{d}A_t}{\mathrm{d}t} = G_c \frac{\mathrm{d}A_t}{\mathrm{d}t} \tag{3-16}$$

式中：A_t 为裂纹总面积；G_c 为裂纹扩展单位面积的不可恢复消耗能，即断裂能量释放率的临界值。于是：

$$\frac{d(W-U)}{\mathrm{d}t} - G_c = 0 \tag{3-17}$$

由于 $\gamma_s \ll \gamma_p$，因此：

$$G_c = \gamma_p \tag{3-18}$$

即当能量释放率的临界值达到裂纹扩展时单位塑性应变能 γ_p 时，裂纹失稳。

3.2.3 裂纹前沿的应力、位移场

1. 平面问题的弹性方程

平面问题中的受力与变形问题可以概括为 3 个方程：平衡方程、几何方程和物理方程。

平衡方程：

$$\begin{cases} \left(\dfrac{\partial \sigma_x}{\partial x}\right) + \left(\dfrac{\partial \tau_{xy}}{\partial y}\right) = 0 \\ \left(\dfrac{\partial \tau_{xy}}{\partial x}\right) + \left(\dfrac{\partial \sigma_y}{\partial y}\right) = 0 \end{cases} \tag{3-19}$$

几何方程：

$$\begin{cases} \varepsilon_x = \dfrac{\partial u}{\partial x} \\ \varepsilon_y = \dfrac{\partial v}{\partial y} \\ \gamma_{xy} = \dfrac{1}{2}\left(\dfrac{\partial v}{\partial x} + \dfrac{\partial u}{\partial y}\right) \end{cases} \tag{3-20}$$

物理方程：

$$\begin{cases} \varepsilon_x = \dfrac{1}{2\mu(1+v')}(\sigma_x - v'\sigma_y) \\ \varepsilon_y = \dfrac{1}{2\mu(1+v')}(\sigma_y - v'\sigma_x) \\ \gamma_{xy} = \dfrac{\tau_{xy}}{2\mu} \end{cases} \tag{3-21}$$

其中，

$$v' = \begin{cases} v & \text{（平面应力）} \\ \dfrac{v}{1-v} & \text{（平面应变）} \end{cases} \tag{3-22}$$

$$\mu = \frac{E}{2(1+v)} \tag{3-23}$$

式中：ν 为泊松比；μ 为剪切模量；E 为弹性模量。

引进应力函数 Φ，即

$$\sigma_x = \frac{\partial^2 \Phi}{\partial y^2} \quad \sigma_y = \frac{\partial^2 \Phi}{\partial x^2} \quad \tau_{xy} = -\frac{\partial^2 \Phi}{\partial x \partial y} \tag{3-24}$$

Φ 称为 Airy 应力函数，满足双调和方程，即

$$\nabla^4 \Phi = \nabla^2 \nabla^2 \Phi = 0 \tag{3-25}$$

即

$$\nabla^2 \left(\frac{\partial^2 \Phi}{\partial x^2} + \frac{\partial^2 \Phi}{\partial y^2} \right) = \frac{\partial^4 \Phi}{\partial x^4} + 2 \frac{\partial^4 \Phi}{\partial x^2 \partial y^2} + \frac{\partial^4 \Phi}{\partial y^4} = 0 \tag{3-26}$$

求平面问题的解就是满足边界条件的双协调方程的解 Φ。有了应力函数 Φ 就可以由式(3-24)获得各自应力分量，并将其代入式(3-21)得到应变分量，按照式(3-20)对应变分量积分可得到位移分量。

2. Westergaard 应力函数法

假设复变量 $z = x + iy$ 的函数为复变解析函数，x 是复数的实部，令 $x = \mathrm{Re}\, z$，y 是复数的虚部，令 $y = \mathrm{Im}\, z$。以复数 z 为自变量的函数 Z 就称为复变函数，即 $Z(z) = \mathrm{Re}\, Z + i\mathrm{Im}\, Z$。复变解析函数的实部和虚部都是调和函数，且满足柯西-黎曼条件：

$$\begin{cases} \dfrac{\partial \mathrm{Re}\, Z}{\partial x} = \dfrac{\partial \mathrm{Im}\, Z}{\partial y} \\[3mm] \dfrac{\partial \mathrm{Im}\, Z}{\partial x} = -\dfrac{\partial \mathrm{Re}\, Z}{\partial y} \end{cases} \tag{3-27}$$

复变函数 Z 的导数 $Z' = \dfrac{\mathrm{d}Z}{\mathrm{d}z}$ 也是一个复数，即

$$\begin{aligned} \frac{\mathrm{d}Z}{\mathrm{d}z} &= \mathrm{Re}\, \frac{\mathrm{d}Z}{\mathrm{d}z} + i\mathrm{Im}\, \frac{\mathrm{d}Z}{\mathrm{d}z} \\[2mm] &= \frac{\partial \mathrm{Re}\, Z}{\partial x} + i\, \frac{\partial \mathrm{Im}\, Z}{\partial x} \end{aligned} \tag{3-28}$$

因此：

$$\begin{cases} \dfrac{\partial \mathrm{Re}\, Z}{\partial x} = \dfrac{\partial \mathrm{Im}\, Z}{\partial y} = \mathrm{Re}\, \dfrac{\mathrm{d}Z}{\mathrm{d}z} \\[3mm] \dfrac{\partial \mathrm{Im}\, Z}{\partial x} = -\dfrac{\partial \mathrm{Re}\, Z}{\partial y} = \mathrm{Im}\, \dfrac{\mathrm{d}Z}{\mathrm{d}z} \end{cases} \tag{3-29}$$

令：

$$\frac{\mathrm{d}\overline{Z}}{\mathrm{d}z} = Z, \quad \frac{\mathrm{d}\overline{\overline{Z}}}{\mathrm{d}z} = \overline{Z} \tag{3-30}$$

则有：

$$\begin{cases} \overline{Z} = \int Z \mathrm{d}z = \mathrm{Re}\, \overline{Z} + i\mathrm{Im}\, \overline{Z} \\[2mm] \overline{\overline{Z}} = \int \overline{Z} \mathrm{d}z = \mathrm{Re}\, \overline{\overline{Z}} + i\mathrm{Im}\, \overline{\overline{Z}} \end{cases} \tag{3-31}$$

可知,式(3-31)中 Z、$\overline{Z}$ 和 $\overline{\overline{Z}}$ 都是解析函数,满足式(3-27)。根据式(3-29),有:

$$\begin{cases} \dfrac{\partial \mathrm{Re}\,\overline{Z}}{\partial x} = \dfrac{\partial \mathrm{Im}\,\overline{Z}}{\partial y} = \mathrm{Re}\,Z \\[2mm] \dfrac{\partial \mathrm{Im}\,\overline{Z}}{\partial x} = -\dfrac{\partial \mathrm{Re}\,\overline{Z}}{\partial y} = \mathrm{Im}\,Z \\[2mm] \dfrac{\partial \mathrm{Re}\,\overline{\overline{Z}}}{\partial x} = \dfrac{\partial \mathrm{Im}\,\overline{\overline{Z}}}{\partial y} = \mathrm{Re}\,\overline{Z} \\[2mm] \dfrac{\partial \mathrm{Im}\,\overline{\overline{Z}}}{\partial x} = -\dfrac{\partial \mathrm{Re}\,\overline{\overline{Z}}}{\partial y} = \mathrm{Im}\,\overline{Z} \end{cases} \tag{3-32}$$

由式(3-29)可知:

$$\begin{cases} \nabla^2 \mathrm{Re}\,Z = \dfrac{\partial^2 \mathrm{Re}\,Z}{\partial x^2} + \dfrac{\partial^2 \mathrm{Re}\,Z}{\partial y^2} = 0 \\[2mm] \nabla^2 \mathrm{Im}\,Z = \dfrac{\partial^2 \mathrm{Im}\,Z}{\partial x^2} + \dfrac{\partial^2 \mathrm{Im}\,Z}{\partial y^2} = 0 \end{cases} \tag{3-33}$$

3.2.4　3种裂纹型式的应力、位移场

根据工程结构体在荷载等因素作用下裂纹的不同扩展形式,可将其分为三种状态:Ⅰ型开裂(张开型)、Ⅱ型开裂(剪切型)、Ⅲ型开裂(撕裂型),如图3-3所示。

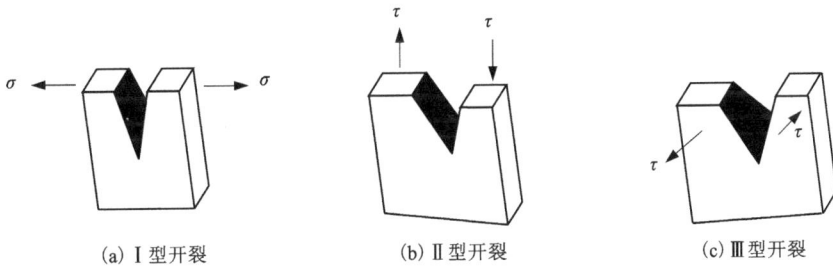

(a) Ⅰ型开裂　　(b) Ⅱ型开裂　　(c) Ⅲ型开裂

图3-3　裂缝扩展类型示意图

1. Ⅰ型裂纹

针对张开型裂纹,Westergaard选用的应力函数为:

$$\Phi = \mathrm{Re}\,\overline{\overline{Z}} + y\,\mathrm{Im}\,\overline{Z} \tag{3-34}$$

根据式(3-24),有

$$\begin{cases} \sigma_x = \mathrm{Re}\,Z - y\,\mathrm{Im}\,Z' \\ \sigma_y = \mathrm{Re}\,Z + y\,\mathrm{Im}\,Z' \\ \tau_{xy} = -y\,\mathrm{Re}\,Z' \end{cases} \tag{3-35}$$

利用物理方程(3-21)可得应变分量为:

$$
\begin{cases}
\varepsilon_x = \dfrac{1}{2\mu(1+v')}\left[\,(1-v')\,\mathrm{Re}\,Z - (1+v')\,y\,\mathrm{Im}\,Z'\,\right] \\[3mm]
\varepsilon_y = \dfrac{1}{2\mu(1+v')}\left[\,(1-v')\,\mathrm{Re}\,Z + (1+v')\,y\,\mathrm{Im}\,Z'\,\right] \\[3mm]
\gamma_{xy} = -\dfrac{1}{2\mu}\,y\,\mathrm{Re}\,Z'
\end{cases}
\tag{3-36}
$$

利用几何方程(3-20),可得:

$$
\begin{cases}
u = \dfrac{1}{2\mu(1+v')}\left[\,(1-v')\,\mathrm{Re}\,\overline{Z} - (1+v')\,y\,\mathrm{Im}\,Z\,\right] \\[3mm]
v = \dfrac{1}{2\mu(1+v')}\left[\,2\,\mathrm{Im}\,Z - (1+v')\,y\,\mathrm{Re}\,Z\,\right]
\end{cases}
\tag{3-37}
$$

2. Ⅱ型裂纹

对于受均匀纯剪切的Ⅱ型(滑开型)裂缝,如图3-4所示,其应力函数为

$$\Phi = -y\,\mathrm{Re}\,\overline{Z} \tag{3-38}$$

根据式(3-24),有

$$
\begin{cases}
\sigma_x = 2\,\mathrm{Im}\,Z + y\,\mathrm{Re}\,Z' \\[2mm]
\sigma_y = -y\,\mathrm{Re}\,Z' \\[2mm]
\tau_{xy} = \mathrm{Re}\,Z - y\,\mathrm{Im}\,Z'
\end{cases}
\tag{3-39}
$$

利用物理方程(3-21)和几何方程(3-20),可得:

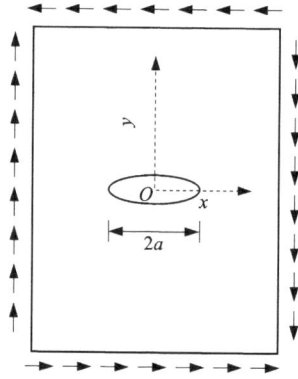

图3-4 有中心裂纹并在均匀平面内剪切的无限大板

$$
\begin{cases}
u = \dfrac{1}{2\mu(1+v')}\left[\,2\,\mathrm{Im}\,\overline{Z} + (1+v')\,y\,\mathrm{Re}\,Z\,\right] \\[3mm]
v = -\dfrac{1}{2\mu(1+v')}\left[\,(1-v')\,\mathrm{Re}\,\overline{Z} + (1+v')\,y\,\mathrm{Im}\,Z\,\right]
\end{cases}
\tag{3-40}
$$

对于含有长 $2a$ 穿透裂纹的无限大板,在受纯剪切时,可选用式(3-4)所示的解析函数:

$$Z = \tau\,\frac{z}{\sqrt{z^2-a^2}} \tag{3-41}$$

令 $\xi = z-a$,式(3-41)可写为:

$$Z(\xi) = \tau\sqrt{\frac{a}{2}}\,\xi^{-\frac{1}{2}} = \frac{f(\xi)}{\sqrt{\xi}} \tag{3-42}$$

把式(3-42)代入式(3-39),可得:

$$\begin{cases} \sigma_x = -\dfrac{K_{\text{II}}}{\sqrt{2\pi r}}\sin\dfrac{\theta}{2}\left(2+\cos\dfrac{\theta}{2}\cos\dfrac{3\theta}{2}\right) \\[3mm] \sigma_y = \dfrac{K_{\text{II}}}{\sqrt{2\pi r}}\sin\dfrac{\theta}{2}\cos\dfrac{\theta}{2}\cos\dfrac{3\theta}{2} \\[3mm] \tau_{xy} = \dfrac{K_{\text{II}}}{\sqrt{2\pi r}}\cos\dfrac{\theta}{2}\left(1-\sin\dfrac{\theta}{2}\sin\dfrac{3\theta}{2}\right) \end{cases} \tag{3-43}$$

$$\begin{cases} u = \dfrac{K_{\text{II}}}{\mu(1+\upsilon')}\sqrt{\dfrac{r}{2\pi}}\sin\dfrac{\theta}{2}\left[2+(1+\upsilon')\cos^2\dfrac{\theta}{2}\right] \\[3mm] v = \dfrac{K_{\text{II}}}{\mu(1+\upsilon')}\sqrt{\dfrac{r}{2\pi}}\cos\dfrac{\theta}{2}\left[(-1+\upsilon')+(1+\upsilon')\sin^2\dfrac{\theta}{2}\right] \end{cases} \tag{3-44}$$

Ⅱ型裂缝应力场的强度因子

$$K_{\text{II}} = \lim_{|\xi|\mapsto 0}\sqrt{2\pi\xi}\,Z(\xi) = \lim_{|\xi|\mapsto 0}\sqrt{2\pi\xi}\,\frac{\tau(\xi+a)}{\sqrt{\xi(\xi+2a)}} = \tau\sqrt{\pi a} \tag{3-45}$$

3. Ⅲ型裂纹

Ⅲ型裂纹属于反平面应变问题。$u=v=0$，$w\neq0$，位移垂直于 xy 平面，式(3-46)~式(3-48)分别为其几何方程、物理方程和平衡方程：

$$\gamma_{xz} = \frac{\partial w}{\partial x},\ \gamma_{yz} = \frac{\partial w}{\partial y} \tag{3-46}$$

$$\gamma_{xz} = \frac{1}{\mu}\tau_{xz},\ \gamma_{yz} = \frac{1}{\mu}\tau_{yz} \tag{3-47}$$

$$\frac{\partial \tau_{xz}}{\partial x} + \frac{\partial \tau_{yz}}{\partial y} = 0 \tag{3-48}$$

将式(3-46)微分后代入式(3-48)，得：

$$\mu\frac{\partial^2 w}{\partial x^2} + \mu\frac{\partial^2 w}{\partial y^2} = 0 \tag{3-49}$$

即 $\nabla^2 w = 0$

令：

$$w = \frac{1}{\mu}\text{Im}\,\overline{Z} \tag{3-50}$$

代入式(3-46)、式(3-47)，得：

$$\begin{cases} \tau_{xz} = \text{Im}\,Z \\ \tau_{yz} = \text{Re}\,Z \end{cases} \tag{3-51}$$

对于含有长 $2a$ 的穿透裂纹的无限大板，在无限远处作用有剪应力 $\tau_{yz}=\tau$ 时，选择复应力函数

$$Z = \tau\,\frac{z}{\sqrt{z^2-a^2}} \tag{3-52}$$

在裂纹尖端附近，当 $|\xi|\to0$ 时，$Z=K_{\text{III}}/\sqrt{2\pi\xi}$，相应的应力和位移分量为：

$$
\begin{cases}
\tau_{xz} = -\dfrac{K_{\text{III}}}{\sqrt{2\pi r}}\sin\dfrac{\theta}{2} \\[3mm]
\tau_{yz} = \dfrac{K_{\text{III}}}{\sqrt{2\pi r}}\cos\dfrac{\theta}{2} \\[3mm]
w = \dfrac{K_{\text{III}}}{\mu}\sqrt{\dfrac{2r}{\pi}}\sin\dfrac{\theta}{2}
\end{cases} \tag{3-53}
$$

Ⅲ型裂纹的应力强度因子为

$$
K_{\text{III}} = \lim_{|\xi|\to 0}\sqrt{2\pi\xi}\,Z(\xi) = \lim_{|\xi|\to 0}\sqrt{2\pi\xi}\,\frac{\tau(\xi+a)}{\sqrt{\xi(\xi+2a)}} = \tau\sqrt{\pi a} \tag{3-54}
$$

3.3 应力强度因子

3.3.1 应力强度因子介绍

如 3.1 节所述，Irwn 将 Griffith 的理论进一步发展，提出了在能量计算中必须要考虑尖端的塑性应变能；并基于 Westergaard 应力函数法求解了裂缝尖端的应力和应变场。

在二维平面问题中，裂缝尖端附近区域的应力场的普遍表达式为：

$$
\sigma_{ij} = \frac{K}{\sqrt{2\pi r}}f_{ij}(\theta) \qquad \begin{pmatrix} i=x \\ j=y \end{pmatrix} \tag{3-55}
$$

式中：σ_{ij} 为裂纹尖端某一点的应力；K 为应力强度因子；$f_{ij}(\theta)$ 为与 θ 有关的方向系数，$f_{ij}(\theta)\leqslant 1$；$\theta$ 为角度；r 为裂缝尖端附近某一点离裂缝尖端的距离。

具体而言：

$$
\begin{cases}
\sigma_{xx} = \dfrac{K_{\text{I}}}{\sqrt{2\pi r}}\cos\dfrac{\theta}{2}\left(1-\sin\dfrac{\theta}{2}\sin\dfrac{3\theta}{2}\right) - \dfrac{K_{\text{II}}}{\sqrt{2\pi r}}\sin\dfrac{\theta}{2}\left(2+\cos\dfrac{\theta}{2}\cos\dfrac{3\theta}{2}\right) + T \\[3mm]
\sigma_{yy} = \dfrac{K_{\text{I}}}{\sqrt{2\pi r}}\cos\dfrac{\theta}{2}\left(1+\sin\dfrac{\theta}{2}\sin\dfrac{3\theta}{2}\right) + \dfrac{K_{\text{II}}}{\sqrt{2\pi r}}\sin\dfrac{\theta}{2}\cos\dfrac{\theta}{2}\cos\dfrac{3\theta}{2} \\[3mm]
\sigma_{xy} = \dfrac{K_{\text{I}}}{\sqrt{2\pi r}}\cos\dfrac{\theta}{2}\sin\dfrac{\theta}{2}\cos\dfrac{3\theta}{2} + \dfrac{K_{\text{II}}}{\sqrt{2\pi r}}\cos\dfrac{\theta}{2}\left(1-\sin\dfrac{\theta}{2}\sin\dfrac{3\theta}{2}\right)
\end{cases} \tag{3-56}
$$

式中：K_{I} 和 K_{II} 为 Ⅰ 和 Ⅱ 型应力强度因子；T 为 T 应力，是与 r 无关的非奇异项应力。在裂纹尖端，奇异项一般占主导地位，所以 T 应力常被忽略。

由公式(3-55)可知，当 $r\to 0$ 时，应力趋近于无穷大，即出现应力奇异性。所以，σ_{ij} 本身无法当作材料破坏的判据。由 3.1 节中的相关公式可知，针对不同的断裂模式，$f_{ij}(\theta)$ 具有特定的表达式。因此，对于裂缝尖端的某一点 (r,θ)，其应力大小由 K 决定。K 值越大，裂缝前端的应力场的强度就越大。K 控制了裂缝尖端附近的应力场，是决定应力场强度的主要因素，K 被称为应力强度因子。

当裂缝形状、大小一定时，K 随着应力的增大而增大，当增大到某一临界值，即 $K=K_c$ 时，裂缝尖端附近某一区域的内应力会诱发裂缝的扩展而发生断裂。裂缝失稳扩展的临界状态对应的应力场强度因子 KC 即为临界应力强度因子。应力强度因子 K 是反映裂纹尖端应力场强弱的一个断裂参量，由荷载、几何体形状、裂纹尺寸等因素决定，可用弹性理论的方法求得。而 KC 称为材料的断裂韧性，是衡量材料阻止宏观裂纹失稳扩展能力的指标，和裂缝本身的大小、形状以及应力大小无关，它是反映材料特性的一个物理量。不同形状试件的应力强度因子如表 3-1 所示。

表 3-1　不同形状试件的应力强度因子计算公式

试件形状	应力强度因子计算公式
无限大板内中心裂纹 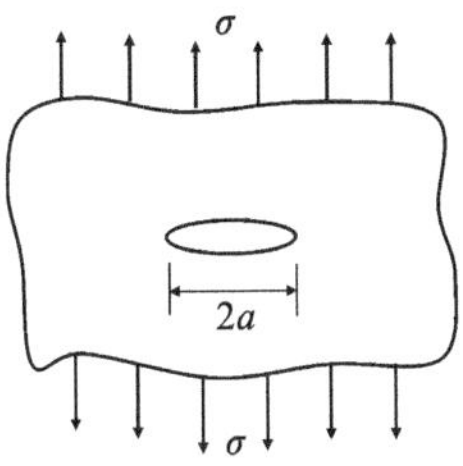	$$K_{\mathrm{I}} = \sigma \sqrt{\pi a}$$
半无限大板内中心裂纹 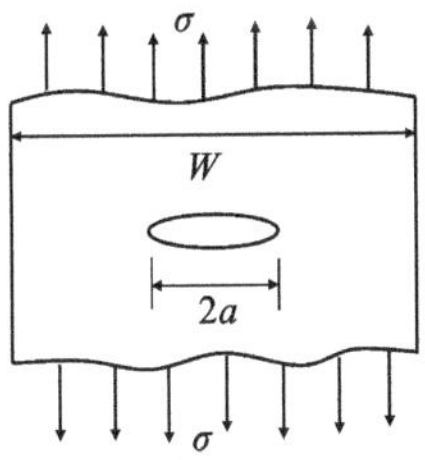	$$K_{\mathrm{I}} = \sqrt{\sec \frac{\pi a}{W}}\, \sigma \sqrt{\pi a}$$
半无限大板边缘裂纹 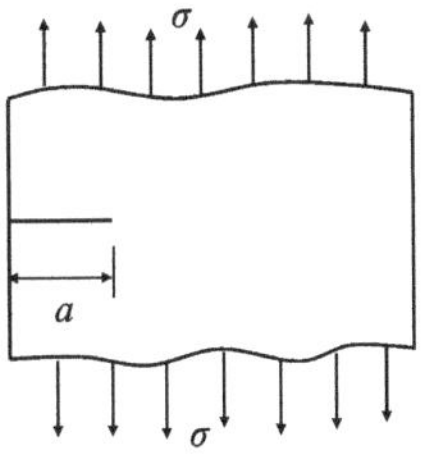	$$K_{\mathrm{I}} = 1.12 \sigma \sqrt{\pi a}$$

有限尺寸板内中心裂纹

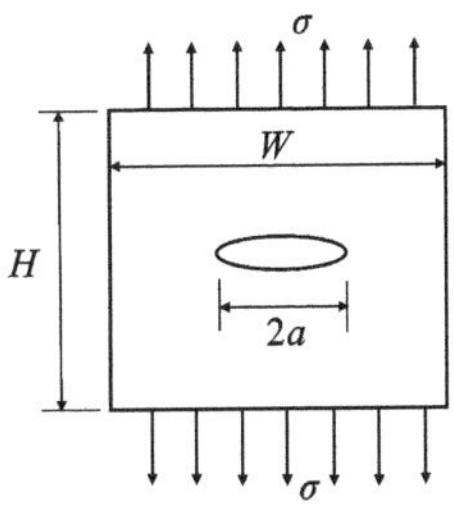

$$K_{\mathrm{I}} = f\left(\frac{a}{W}\right) \sigma \sqrt{\pi a}$$

a/W	$f(a/W)$	
	$h/W = 1.0$	$h/W = \infty$
0	1.12	1.12
0.2	1.37	1.21
0.4	2.11	1.35
0.5	2.83	1.46

续表3-1

试件形状	应力强度因子计算公式

$$K_{\mathrm{I}} = f\left(\frac{a}{W}\right)\sigma\sqrt{\pi a} \quad \text{其中} \quad \sigma = \frac{6M}{BW^2}$$

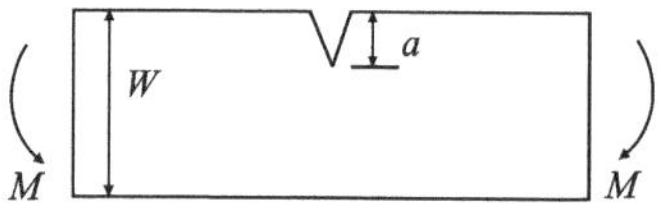

带边缘裂纹的受弯梁

a/W	$f(a/W)$
0.1	1.044
0.2	1.055
0.3	1.125
0.4	1.257
0.5	1.500
0.6	1.915

薄板双向劈裂试件

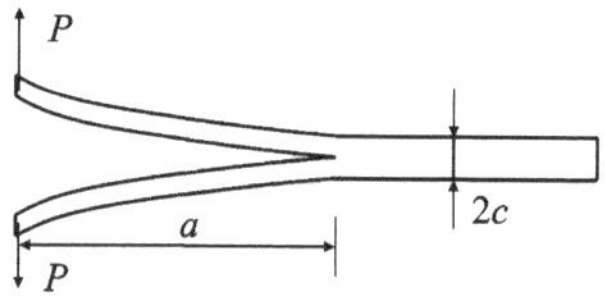

$$K_{\mathrm{I}} = 2\sqrt{3}\,\frac{Pa}{c^{3/2}}$$

圆周裂纹柱状试件

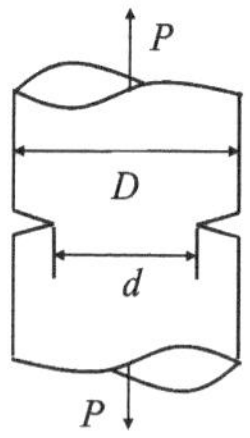

$$K_{\mathrm{I}} = \frac{0.932P\sqrt{D}}{\sqrt{\pi d^2}} \quad \text{其中} \quad 1.2 \leqslant \frac{D}{d} \leqslant 2.1$$

紧凑型拉伸试件

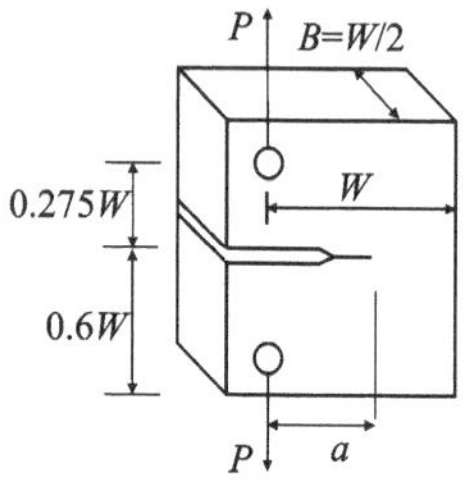

$$K_{\mathrm{I}} = Y\frac{P\sqrt{\pi}}{B\sqrt{W}}$$

$$Y = 16.7\left(\frac{a}{W}\right)^{1/2} - 104.7\left(\frac{a}{W}\right)^{3/2} + 369.9\left(\frac{a}{W}\right)^{5/2}$$

$$- 573.8\left(\frac{a}{W}\right)^{7/2} + 360.5\left(\frac{a}{W}\right)^{9/2}$$

三点受弯试件

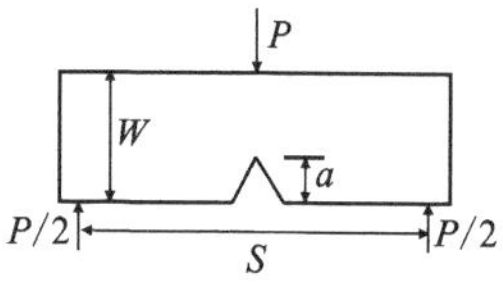

$$B = W/2$$

$$K_{\mathrm{I}} = Y\frac{4P\sqrt{\pi}}{B\sqrt{W}}$$

$$Y = 1.63\left(\frac{a}{W}\right)^{1/2} - 2.6\left(\frac{a}{W}\right)^{3/2} + 12.3\left(\frac{a}{W}\right)^{5/2}$$

$$- 21.3\left(\frac{a}{W}\right)^{7/2} + 21.9\left(\frac{a}{W}\right)^{9/2}$$

续表3-1

试件形状	应力强度因子计算公式
半无限大板中心裂纹边缘带裂纹试件 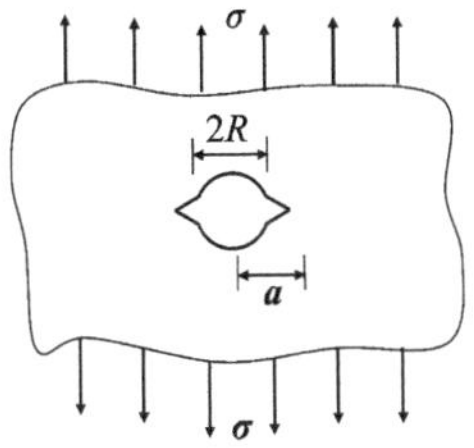	$K_1 = f\left(\dfrac{a}{W}\right)\sigma\sqrt{\pi a}$

a/R	$f(a/R)$
1.01	0.3256
1.02	0.4514
1.04	0.6082
1.06	0.7104
1.08	0.7843
1.10	0.8400
1.20	0.9851
1.30	1.0358
1.40	1.0536
1.80	1.0495

3.3.2 应力强度因子的测试方法

测试应力强度因子的方法包括理论计算、实验测试以及数值模拟等。

1. 线性弹性解析法

这是一种基于弹性理论计算的方法,通过分析裂纹周围的应力场,推导出裂纹尖端的应力分布,并计算得到应力强度因子。这种方法需要对裂纹尖端附近的应力场做出一定的假设,通常适用于理论研究和简单几何形状的裂纹。

2. 实验测试法

实验方法是指直接测量裂纹尖端附近的应力和位移等参数,从而计算得到应力强度因子。常见的实验方法包括巴拉曼试验法、压痕法、单裂纹试样法等。这些实验方法可以提供更真实和准确的裂纹行为数据,适用于验证理论计算结果并用于工程实践。

3. 有限元法

有限元法是一种基于数值模拟的方法,通过建立裂纹的有限元模型,模拟加载条件下的应力场,并利用后处理技术计算得到裂纹尖端的应力强度因子。这种方法适用于复杂几何形状和加载条件下的裂纹分析,能够提供详细的应力场信息。

4. 断裂力学试验法

常用的断裂力学试验方法包括 K_{IC} 法和 J-Integral 法等。这些方法通过在标准试样上施加加载,测量裂纹尖端的位移、载荷等参数,从而计算得到裂级尖端的应力强度因子。这些试验方法能够直接测量裂纹尖端的应力强度因子,为断裂性能的评估提供重要数据。

5. 叠加法

叠加法适用于同一种断裂模式下不同类型的力引起的应力强度因子的叠加。如图 3-5 所示,拉力 P 和弯矩 M 都可引起 I 型开裂,故可以将拉力和弯矩产生的应力强度因子进行叠加。

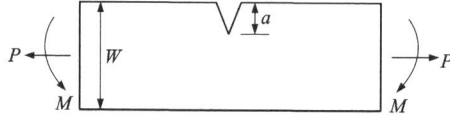

图 3-5 弯拉应力作用下带单边裂纹板受力示意图

拉力和弯矩共同作用引起的裂纹前端应力为:

$$\sigma_{ij} = \frac{K_I^{\text{tension}}}{\sqrt{2\pi r}} f_{ij}(\theta) + \frac{K_I^{\text{bending}}}{\sqrt{2\pi r}} f_{ij}(\theta) \qquad (3-57)$$

式中:K_I^{tension} 为拉应力作用下的应力强度因子;K_I^{bending} 为弯矩作用下的应力强度因子。

式(3-57)可以写为

$$\sigma_{ij} = \frac{K_I^{\text{total}}}{\sqrt{2\pi r}} f_{ij}(\theta) \qquad (3-58)$$

其中:

$$K_I^{\text{total}} = K_I^{\text{tension}} + K_I^{\text{bending}} \qquad (3-59)$$

由弯矩和拉应力引起的应力强度因子 $K^{(M)}$、$K^{(P)}$ 为:

$$K^{(M)} = f_M\left(\frac{a}{W}\right) \frac{6M}{BW^2} \sqrt{\pi a} \qquad (3-60)$$

$$K^{(P)} = f_P\left(\frac{a}{W}\right) \frac{P}{BW} \sqrt{\pi a} \qquad (3-61)$$

式中:$f_M(a/W)$ 为弯矩作用下应力强度因子的形状参数;M 为弯矩;W 为试件高度;B 为试件厚度;$f_P(a/W)$ 为拉应力作用下应力强度因子的形状参数。

将式(3-60)、式(3-61)代入式(3-59),可得到

$$K = \sqrt{\pi a}\left[f_M\left(\frac{a}{W}\right) \frac{6M}{BW^2} + f_P\left(\frac{a}{W}\right) \frac{P}{BW} \right] \qquad (3-62)$$

图 3-6 为不含裂纹的无限大薄板单边拉伸的受力示意图,其可以转化为带中心裂纹的受力示意图的叠加,即 C 和 D 的叠加。D 的应力强度因子 K_D 等同于表 3-1 中第一种裂纹的应力强度因子,C 的应力强度因子 K_C 也可以根据式(3-63)求得。

$$K_C = -K_D = \sigma \sqrt{\pi a} \qquad (3-63)$$

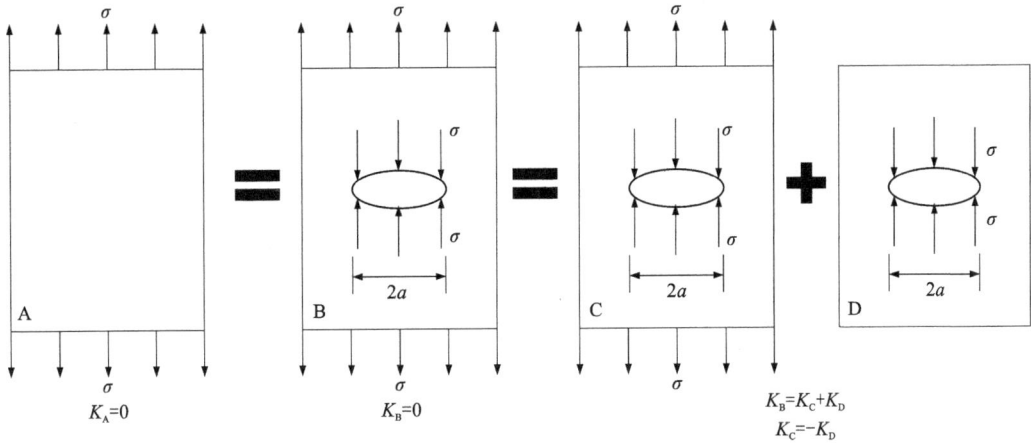

图 3-6 无限大薄板单轴拉伸作用下的受力图

3.4 能量释放率

式(3-15)表外界所做的功等于系统储存的应变能 U、动能 T 以及不可恢复耗散能 D 的总和，其中耗散能 D 可以表示为塑性应变能和表面能。在准静态情况下，动能 T 近似为 0。

因此，能量释放率可由式(3-64)计算。

$$G = -\frac{\mathrm{d}\Pi}{\mathrm{d}A} = \frac{\mathrm{d}W}{\mathrm{d}A} - \frac{\mathrm{d}U}{\mathrm{d}A} \tag{3-64}$$

能量释放率的计算分为固定外力和固定边界两种情况。

3.4.1 固定外力情况

图 3-7 为固定外力情况下带裂纹试件的受力以及荷载-位移示意图。在恒定荷载 P 作用下，裂纹长度的变化为 $\mathrm{d}a$，即裂纹从 a 扩展到 $a+\mathrm{d}a$。

在固定外力情况下，弹性应变能 U 为：

$$U = \frac{1}{2}P\Delta \tag{3-65}$$

式中：Δ 为位移变化值。

由于裂缝扩展时外力不再变化，因此弹性应变能的变化为：

$$\mathrm{d}U = \frac{1}{2}P\mathrm{d}\Delta \tag{3-66}$$

外力所做的功为

$$\mathrm{d}W = P\mathrm{d}\Delta \tag{3-67}$$

释放的总势能为

$$-\mathrm{d}\Pi = \mathrm{d}W - \mathrm{d}U = \mathrm{d}U \tag{3-68}$$

能量释放率为

$$G = -\frac{\mathrm{d}\Pi}{\mathrm{d}A} = \frac{1}{B}\left(\frac{\mathrm{d}U}{\mathrm{d}a}\right)_P = \frac{P}{2B}\left(\frac{\mathrm{d}\Delta}{\mathrm{d}a}\right)_P \tag{3-69}$$

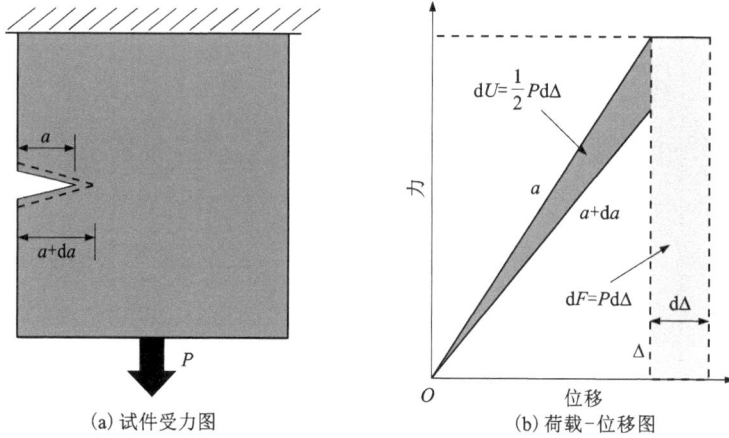

(a) 试件受力图

(b) 荷载-位移图

图 3-7　固定外力情况

计算柔度，即变形与力的比值，即单位荷载作用下的位移 C 为：

$$C = \frac{\Delta}{P} \tag{3-70}$$

将式(3-70)代入式(3-69)可得：

$$G = \frac{P^2}{2B} \frac{\mathrm{d}C}{\mathrm{d}a} \tag{3-71}$$

3.4.2　固定边界情况

图 3-8 为固定边界情况下试件的荷载-位移曲线示意图。固定上下边界，当下边界的位移变化为 Δ 时，试件裂纹长度从 a 扩展到 $a+\mathrm{d}a$。

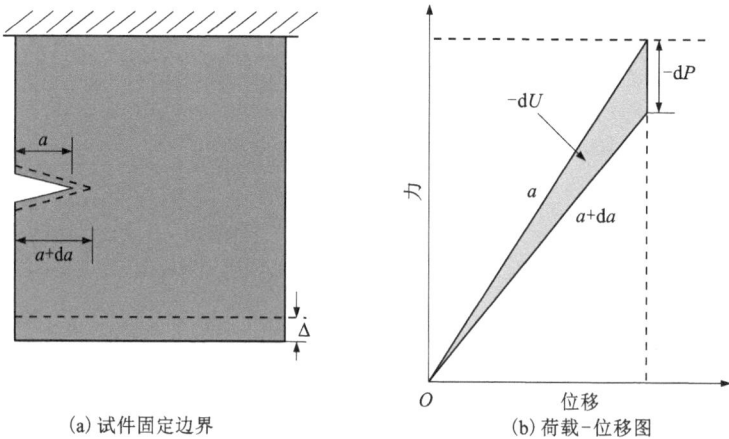

(a) 试件固定边界

(b) 荷载-位移图

图 3-8　固定边界情况

当固定边界时，此时外力不做功

$$\mathrm{d}W = 0 \tag{3-72}$$

能量释放率为

$$G = -\frac{\mathrm{d}\Pi}{\mathrm{d}A} = \frac{\mathrm{d}W}{\mathrm{d}A} - \frac{\mathrm{d}U}{\mathrm{d}A} = -\frac{\mathrm{d}U}{\mathrm{d}A} = -\frac{1}{B}\left(\frac{\mathrm{d}U}{\mathrm{d}a}\right)_\Delta = -\frac{\Delta}{2B}\left(\frac{\mathrm{d}P}{\mathrm{d}a}\right)_\Delta \tag{3-73}$$

当把式(3-70)代入式(3-73)，可以得到

$$G = \frac{P^2}{2B}\frac{\mathrm{d}C}{\mathrm{d}a} \tag{3-74}$$

式(3-71)和式(3-74)说明了不管是何种情况，能量释放率 G 只依赖于裂纹扩展引起的柔度变化。可用裂缝长度不同的试件，标定柔度 C 随裂缝长度变化的曲线。根据该曲线测出与试件裂缝尺寸相应的斜率 $\frac{\partial C}{\partial a}$ 和荷载 P，就可以估算能量释放率 G，这就是能量释放率的柔度测定法。

3.4.3 能量释放率和应力强度因子的关系

能量释放率和应力强度因子之间存在的关系为：

$$G = \begin{cases} \frac{1-\nu^2}{E}\left(K_{\mathrm{I}}^2 + K_{\mathrm{II}}^2\right) + \left(\frac{1+\nu}{E}\right)K_{\mathrm{III}}^2 & (\mathrm{I}、\mathrm{II}型平面应变状态) \\ \frac{1}{E}\left(K_{\mathrm{I}}^2 + K_{\mathrm{II}}^2\right) + \left(\frac{1+\nu}{E}K_{\mathrm{III}}^2\right) & (\mathrm{I}、\mathrm{II}型平面应力状态) \end{cases} \tag{3-75}$$

需要说明的是式(3-75)只有在裂纹沿本身平面扩展时才有效。对于 I 型裂纹，根据式(3-75)，其能量释放率和应力强度因子之间的关系为：

$$G_{\mathrm{I}} = \begin{cases} \dfrac{K_{\mathrm{I}}^2}{E} & (平面应力) \\ \dfrac{1-\nu^2}{E}K_{\mathrm{I}}^2 & (平面应变) \end{cases} \tag{3-76}$$

3.5 塑性区修正

线弹性断裂力学基于线弹性理论，主要适用于纯线弹性材料中的裂纹。然而，绝大多数金属材料在裂纹尖端附近，由于应力集中效应，通常会形成塑性区。在此情况下，线弹性断裂力学的适用性值得探讨。对于小范围屈服的情况，当塑性区的尺寸仅为裂纹长度的一个数量级时，工程实践中仍然可以使用线弹性理论来计算应力强度因子。但如果要考虑塑性区的影响，需先对应力强度因子进行适当的修正，然后再应用线弹性断裂力学理论进行计算。最常用的修正方法是等效裂纹法。由于产生塑性区，应力发生松弛，弹性区的应力场向裂纹前方平移。由此 Irwin 假设的 I 型裂纹的弹性应力场也因塑性区的形成而发生平移。

当不考虑塑性区影响时，按照式(3-56)，当 $\theta = 0$ 时，有：

$$\sigma_y = \frac{K_{\mathrm{I}}}{\sqrt{2\pi r}} \tag{3-77}$$

式中： σ_y 为裂纹尖端的拉应力。

其分布曲线如图3-9中 ABC 所示。如果裂纹尖端附近出现微小塑性区，由于塑性区内应力

和应变不再呈线性关系，因此塑性区内的应力会发生重分布。假设由于塑性区的影响，裂纹尖端向前移动了 r_y，那么此时裂纹的长度为 $a_{eff}=a_0+r_y$，a_{eff} 称为等效裂纹长度，r_y 为修正值。

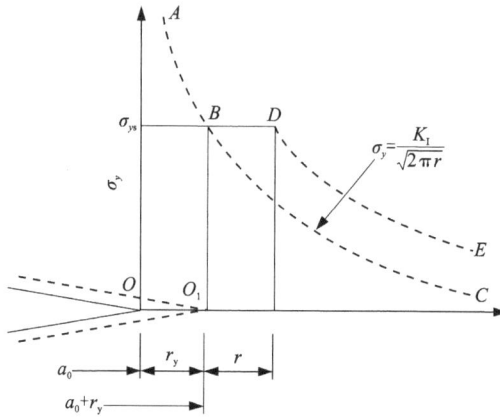

图 3-9 塑性区修正示意图

$$r_y = \frac{R}{2} = \begin{cases} \dfrac{1}{2\pi}\left(\dfrac{K_{\mathrm{I}}}{\sigma_s}\right)^2 \ (平面应力) \\ \dfrac{1}{4\sqrt{2}}\left(\dfrac{K_{\mathrm{I}}}{\sigma_s}\right)^2 \ (平面应变) \end{cases} \tag{3-78}$$

式中：σ_s 为屈服应力。

3.6 沥青混凝土线弹性断裂的测试方法

3.6.1 SCB 测试方法

半圆弯曲(SCB)试验方法是目前测试沥青混凝土断裂性能最流行的方法(图 3-10)，这是因为该方法具有试件制作简单，测试方便，数据易处理可重复性高等优点。

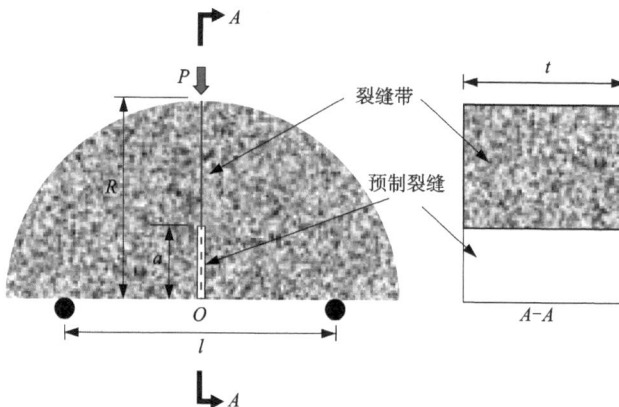

图 3-10 SCB 试验测试示意图

《公路工程沥青及沥青混合料试验规程征求意见稿》(以下简称《意见稿》)以及 AASHTO TP105—2019 给出了低温下 SCB 试验的方法以及应力强度因子的计算方法。

半圆弯曲试验系统一般包括轴向加载装置、荷载测量装置、弯曲试验夹具、试件变形测量装置、环境箱和控制与数据采集系统。沥青混合料只有在温度较低时,其断裂才被认为是线弹性断裂,但目前规范中没有说明属于线弹性断裂的温度阈值。一般认为沥青混合料在不高于 0℃ 时的断裂即属于线弹性断裂。《意见稿》和 AASHTO TP105—2019 中建议试件的厚度为 (25±2) mm,裂缝的长度为 (15±0.5) mm,裂缝的宽度不超过 1.5 mm。但是,试件厚度的选择必须综合考虑混合料的颗粒级配,对于级配较粗的沥青混合料而言,试件厚度为 (25±2) mm 有时不能带来较为准确的测试结果。

基本试验步骤如下。

①试件在进行试验前需要在温控箱中按照试验所需温度控温 (2±0.5) h。试验开始前,试件温度与目标温度的差值不超过 0.5℃。温度设置建议:高于沥青混合料的沥青温度等级下限 10℃ 或低于下限 2℃。

②温度调整完毕后,将试件放置在试验系统夹具上,将荷载位移传感器和裂口位移传感器与试件连接。

③先施加 (0.3±0.02) kN 的接触荷载,位移速度设为 0.05 mm/s;然后,施加 (0.6±0.02) kN 的固定荷载,位移速度设为 0.005 mm/s;接着施加 3 个较小振幅的循环荷载,以保证加载端与试件完全接触。

④试验正式开始时,测量并记录荷载和全部传感器数据。设初始荷载为 (1+0.1) kN,加载行程速度为 0.001 mm/s。当达到初始荷载后,系统转换成裂缝开口位移控制,持续施加荷载,保证开裂速度为 0.0005 mm/s,直至试验结束。

⑤荷载低于 0.5 kN 时或裂缝开口位移传感器到达最大量程时,试验结束。

沥青混合料的应力强度因子可以通过公式(3-79)计算:

$$K = \frac{P}{2Rt} \sqrt{\pi a} \cdot Y_{\mathrm{I}} \tag{3-79}$$

式中:P 为施加的荷载;R 和 t 分别为 SCB 试件的半径和厚度;a 为裂缝的长度;Y_{I} 为标准应力强度因子或称为形状参数。Y_{I} 与跨度-直径比($l/2R$)以及裂缝-半径比(a/R)密切相关。

Lim 和 Johnston[97] 在 1993 年通过有限元法获取了不同 $l/2R$ 值和不同 a/R 值下的 Y_{I} 值。一般情况下,当 $l/2R = 0.8$ 时,Y_{I} 的计算公式为:

$$Y_{\mathrm{I}} = 4.782 + 1.219 \cdot \left(\frac{a}{R}\right) + 0.063 \cdot \exp\left(7.045 \cdot \frac{a}{R}\right) \tag{3-80}$$

3.6.2 单边裂缝弯曲加载

单边裂缝弯曲(SEB)加载试验原理与 SCB 试验类似,都是通过对试件施加压应力实现 Ⅰ 型断裂。SEB 试验主要在水泥混凝土以及岩石的断裂中应用较为广泛,在沥青混合料中应用较少,其主要原因是沥青混合料的 SEB 试件制作较难。

SEB 试验设置与 SCB 试验类似,其加载示意图如图 3-11 所示。

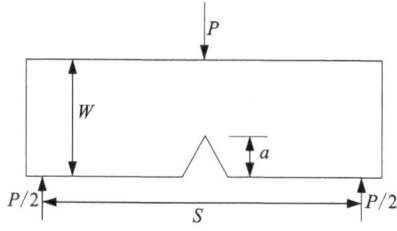

P—荷载；W—试件高度；S—跨距；a—裂缝长度。

图 3-11　SEB 试验测试示意图

应力强度因子的计算公式为[98]：

$$K = \frac{P}{t\sqrt{W}} \cdot Y_{\mathrm{I}} \tag{3-81}$$

其中：

$$Y_{\mathrm{I}} = \frac{3\dfrac{S}{W}\sqrt{\dfrac{a}{W}}}{2\left(1+2\dfrac{a}{W}\right)\left(1-\dfrac{a}{W}\right)^{3/2}}\left\{1.99 - \dfrac{a}{W}\left(1-\dfrac{a}{W}\right)\left[2.15 - 3.93\left(\dfrac{a}{W}\right) + 2.7\left(\dfrac{a}{W}\right)^2\right]\right\} \tag{3-82}$$

4 沥青混凝土弹塑性断裂力学

线弹性断裂力学(LEFM)只有在裂缝尖端的非线性变形非常小的时候才有效。大多数材料其裂纹在扩展前，裂纹尖端的塑性区尺寸已接近甚至超过裂纹尺寸，这类材料的断裂采用LEFM来评价就不够准确，需要采用弹塑性断裂力学(EPFM)进行评价。

本章介绍 EPFM 中的两个重要参数：裂缝尖端张开位移(CTOD)和 J 积分。CTOD 和 J 积分的临界值是与试件尺寸无关的评价弹塑性断裂的参数，可以用作 EPFM 评价准则。

4.1 裂缝尖端张开位移

1965 年 Wells[99] 在钢铁断裂试验过程中发现钢材的韧性太好，在裂纹扩展之前裂纹尖端附近存在的塑性区会使裂纹尖端的表面张开，这个张开量称为裂纹尖端的张开位移，通常用 δ 表示。如图 4-1 所示，在外力的作用下试件初始裂纹会逐渐钝化，形成 CTOD。

当一条裂缝有一个比较小的塑性区时(图 4-2)，Irwin 认为裂纹尖端的塑性区会使裂纹表现得比本身的长度更长一些，即有效裂纹长度。有效裂纹长度等于 $a+r_y$。

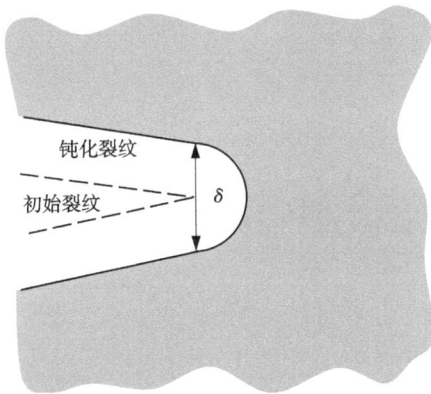

图 4-1 裂缝尖端张开位移(CTOD)

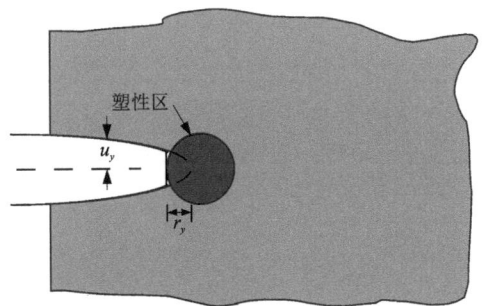

图 4-2 通过有效裂纹的位移判定 CTOD

在 I 型断裂作用下，有效裂纹尖端位移 u_y 为：

$$u_y=\frac{\kappa+1}{2\nu}K_I\sqrt{\frac{r_y}{2\pi}}=\frac{4}{E'}K_I\sqrt{\frac{r_y}{2\pi}} \tag{4-1}$$

式中：ν 为泊松比；κ 为与泊松比相关的参数，对于平面应变情形来说 $\kappa=3-4\nu$；对于平面应

力情形来说 $\kappa = (3-\nu)/(1+\nu)$；K_I 为 Ⅰ 型应力强度因子；r_y 为 Irwin 塑性区的修正值；E' 为有效弹性模量。对于平面应力来说，$E' = E$；对于平面应变状态来说，$E' = \dfrac{E}{1-\nu}$。

$$r_y = \frac{1}{2\pi}\left(\frac{K_I}{\sigma_{YS}}\right)^2 \tag{4-2}$$

式中：σ_{YS} 为屈服应力。

将式(4-2)代入式(4-1)，有

$$\delta = 2u_y = \frac{4}{\pi} \cdot \frac{K_I^2}{\sigma_{YS}E} \tag{4-3}$$

式中：δ 为 CTOD；u_y 为有效裂纹尖端位移，如公式(4-1)所示。

由于能量释放率和应力强度因子之间关系为 $G = K_I^2/E$，因此：

$$\delta = \frac{4}{\pi} \cdot \frac{G}{\sigma_{YS}} \tag{4-4}$$

D-B 模型认为裂纹尖端区域的塑性区沿裂纹线两边延伸呈尖劈带状，如图 4-3 所示。塑性区的材料为理想塑性状态。整个裂纹和塑性区周围仍为广大的弹性区所包围，如果取消塑性区，塑性区与弹性区交界面上作用有均匀分布的屈服应力 σ_{YS}。σ_{YS} 指向是使塑性区裂纹闭合。根据该模型，可以建立 CTOD 与屈服应力 σ_{YS}、外荷载 σ 以及裂纹尺寸等参数之间的关系，如式(4-5)所示。

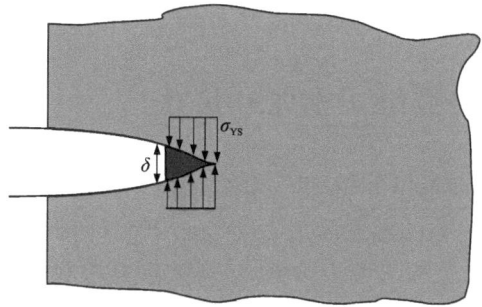

图 4-3 D-B 带状屈服模型

$$\delta = \frac{8\sigma_{YS}a}{\pi E}\text{lnsec}\left(\frac{\pi}{2} \cdot \frac{\sigma}{\sigma_{YS}}\right) \tag{4-5}$$

式中：a 为无限大中心裂纹长度的一半。

将"lnsec"项展开：

$$\delta = \frac{8\sigma_{YS}a}{\pi E}\left[\frac{1}{2}\left(\frac{\pi}{2} \cdot \frac{\sigma}{\sigma_{YS}}\right)^2 + \frac{1}{12}\left(\frac{\pi}{2} \cdot \frac{\sigma}{\sigma_{YS}}\right)^4 + \cdots\right] = \frac{K_I^2}{\sigma_{YS}E}\left[1 + \frac{1}{6}\left(\frac{\pi}{2} \cdot \frac{\sigma}{\sigma_{YS}}\right)^2 + \cdots\right] \tag{4-6}$$

当 $\sigma/\sigma_{YS} \to 0$ 时：

$$\delta = \frac{K_I^2}{\sigma_{YS}E} = \frac{G}{\sigma_{YS}} \tag{4-7}$$

条带屈服模型假设塑性区材料为理想塑形（无硬化），区域为带状（条状）。CTOD 与应力强度因子和 G 之间的实际关系取决于应力状态和应变硬化。该关系更一般的表达形式为：

$$\delta = \frac{K_I^2}{m\sigma_{YS}E'} = \frac{G}{m\sigma_{YS}} \tag{4-8}$$

式中：m 为无量纲的参数，当为平面应力状态时 $m=1$，当为平面应变状态时 $m=2$。

CTOD 存在多种定义，常见的两种定义(图 4-4)为：原始裂纹尖端位移；裂尖 90°角与裂纹面交点距离，通常应用于有限元模拟中。如果假设初始裂尖钝化线为半圆，则两种定义等效。

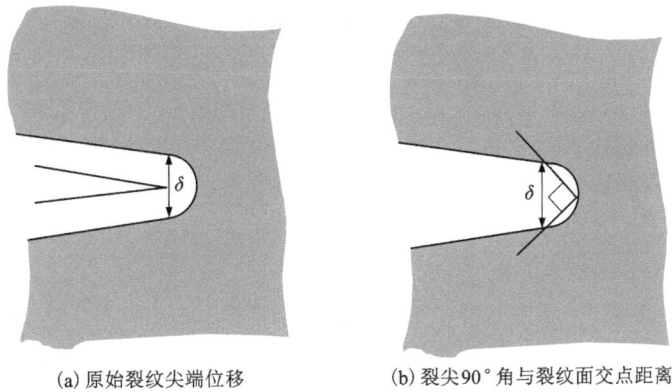

(a) 原始裂纹尖端位移　　　　　　(b) 裂尖90°角与裂纹面交点距离

图 4-4　CTOD 定义

目前,很多室内试验开展了三点弯拉试验,例如混凝土或者岩石等材料。CTOD 的测量在很多时候不太方便,此时可以通过试验过程中试件变形等几何关系进行换算,即铰接模型。如图 4-5 所示,CTOD 是通过假设样品的两半是刚性的,并围绕铰链点旋转来推断的。

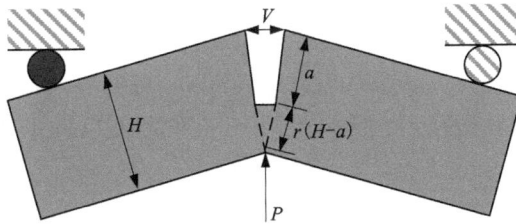

图 4-5　三点弯拉试验采用铰接模型预估 CTOD

根据相似三角形相关知识:

$$\frac{\delta}{r(H-a)}=\frac{V}{r(H-a)+a} \tag{4-9}$$

$$\delta=\frac{r(H-a)V}{r(H-a)+a} \tag{4-10}$$

式中: r 为旋转因子,为 0 到 1 之间的无量纲参数; V 为裂缝口张开位移; H 为试件的厚度。

当弹性变形占主要部分时,图 4-5 所示的铰接模型并不准确。因此,标准的 CTOD 测试方法通常采用修改的铰链模型,其中位移被分为弹性和塑性两个部分;铰链假设仅适用于塑性位移。图 4-6 为 CTOD 测试中典型的载荷(P)与 CMOD 的关系曲线。载荷-位移曲线的形状类似于应力-应变曲线:起初关系是线性的,但随着塑性变形产生而偏离线性关系。通过曲线上某一给定点,构建一条与弹性加载线平行的直线,将位移分为弹性和塑性两个部分。

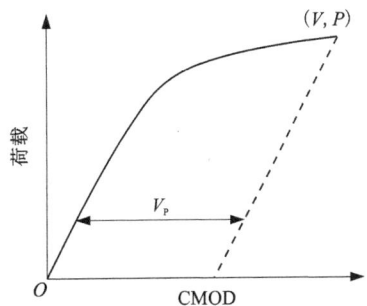

图 4-6　CMOD 中塑性部分的确定

假设在加载过程中裂缝没有扩展，CTOD 可以通过式(4-11)计算：

$$\delta = \delta_{el} + \delta_p = \frac{K_I^2}{m\sigma_{YS}E'} + \frac{r_p(W-a)V_p}{r_p(W-a)+a} \tag{4-11}$$

式中：下标 el 和 p 分别代表弹性和塑性部分。应力强度因子可以根据具体的试件形状和裂纹尺寸进行计算。对于典型的材料以及测试试件，塑性旋转因子 r_p 近似为 0.44。对于线弹性材料而言，式(4-11)可简化式(4-8)；当塑性部分占主导时，式(4-11)可近近似为式(4-10)。

4.2　J 积分

4.2.1　非线性能量释放率

J 积分代表了非线弹性材料断裂的能量释放率。在线弹性的范畴内，J 积分与 G 相同。公式(4-12)表示线弹性材料的能量释放率，由于 J 积分与 G 具有同样的含义，公式(4-12)同样适用于非线弹性材料。

$$J = -\frac{d\Pi}{dA} \tag{4-12}$$

式中：Π 为势能；A 为裂纹面积。

势能等于弹性应变能与外力所做的功之间的差值。根据以带裂纹的平板在恒定荷载(P)作用下的非线性荷载-位移曲线，如图 4-7 所示，可知势能计算式为：

$$\Pi = U - W = U - P\Delta = -U^* \tag{4-13}$$

式中：U 为弹性应变能；W 为外力所作的功；P 为外荷载；Δ 为荷载作用下加载点的位移；U^* 为势能的相反数。

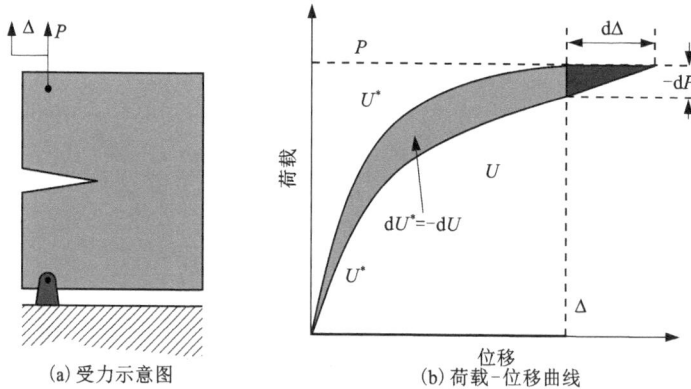

图 4-7　非线性能量释放率

$$U^* = \int_0^P \Delta dP \tag{4-14}$$

因此，在荷载作用模式下，将式(4-14)代入式(4-12)，有：

$$J = \left(\frac{dU^*}{da}\right)_P \tag{4-15}$$

在控制变形的模式下，即 Δ 为定值时：

$$J = -\left(\frac{dU}{da}\right)_\Delta \tag{4-16}$$

式(4-15)、式(4-16)中 dU^* 和 $-dU$ 并不完全相同，但是由于 $d\Delta$ 非常小，可以近似地认为荷载模式与变形模型下的 J 积分相同。

将式(4-15)、式(4-16)表示为荷载和位移的形式，即

$$J = \left(\frac{\partial}{\partial a}\int_0^P \Delta dP\right)_P = \int_0^P \left(\frac{\partial \Delta}{\partial a}\right)_P dP \tag{4-17}$$

$$J = -\left(\frac{\partial}{\partial a}\int_0^\Delta P d\Delta\right)_\Delta = -\int_0^\Delta \left(\frac{\partial P}{\partial a}\right)_\Delta d\Delta \tag{4-18}$$

4.2.2 J 积分

考虑图4-8中裂纹前端的任一围道，J 积分等于

$$J = \int_\Gamma \left(w dy - T_i \frac{\partial u_i}{\partial x_1} ds\right) \tag{4-19}$$

式中：w 为应变能密度；u_i 为位移矢量；T_i 为作用在积分回线微元 ds 上沿 i 方向的作用力矢量。

应变能密度和 T_i 可以分别表示为：

$$w = \int_0^{\varepsilon_{ij}} \sigma_{ij} d\varepsilon_{ij} \tag{4-20}$$

$$T_i = \sigma_{ij} n_j \tag{4-21}$$

式中：n_j 为微元 ds 外法线在 j 方向上的投影。

对于非线性材料，在单轴荷载作用下，其应力和应变的关系满足 Ramberg-Osgood 方程，即

$$\frac{\varepsilon}{\varepsilon_0} = \frac{\sigma}{\sigma_0} + \alpha\left(\frac{\sigma}{\sigma_0}\right)^n \tag{4-22}$$

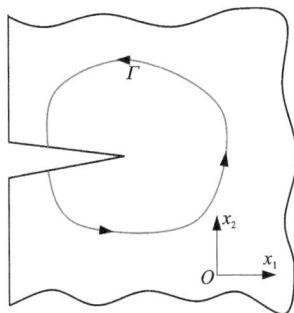

图 4-8 J 积分的任意围道

式中：σ_0 为屈服应力；α 为硬化系数；$\varepsilon_0 = \sigma_0/E$；$n > 1$。

式(4-22)等号右侧的第一项代表了线弹性，第二项则表示非线性。一般情况下，有

$$\frac{\varepsilon_{ij}}{\varepsilon_0} = (1+\nu)\left(\frac{\sigma_{ij}}{\sigma_0}\right) - \nu\sigma_{kk}\delta_{ij} + \frac{3}{2}\alpha\left(\frac{\sigma_e}{\sigma_0}\right)^{n-1}\frac{s_{ij}}{\sigma_0} \tag{4-23}$$

式中：右端前两项相当于弹性情况；最后一项对应塑性变形；s_{ij}、σ_e 和 δ_{ij} 分别为应力偏量、等效应力和 Kronecker δ 符号。

$$\left.\begin{array}{l} s_{ij} = \sigma_{ij} - \left(\dfrac{1}{3}\sigma_{ij}\delta_{ij}\right) \\[2mm] \sigma_e = \left(\dfrac{3}{2}s_{ij}s_{ij}\right)^{1/2} \\[2mm] \delta_{ij} = \begin{cases} 0, & i \neq j \\ 1, & i = j \end{cases} \end{array}\right\} \tag{4-24}$$

Mises 的屈服条件是 $\sigma_e/\sigma_0 = 1$。依托上述物理关系得到的 HRR 奇异解为：

$$\left.\begin{aligned}
\sigma_{ij}(r,\theta) &= \sigma_0 K_\sigma r^{-1/(n+1)} \tilde{\sigma}_{ij}(\theta,n) \\
\varepsilon_{ij}(r,\theta) &= \alpha \frac{\sigma_0}{E} K_\sigma^n r^{-n/(n+1)} \tilde{\varepsilon}_{ij}(\theta,n) \\
\sigma_e(r,\theta) &= \sigma_0 K_\sigma r^{-1/(n+1)} \tilde{\sigma}_{ie}(\theta,n) \\
u_i(r,\theta) &= \alpha \frac{\sigma_0}{E} K_\sigma^n r^{-n/(n+1)} \tilde{u}_i(\theta,n)
\end{aligned}\right\}$$ (4-25)

其中：

$$K_\sigma = \left(\frac{EJ}{\alpha \sigma_0^2 I_n}\right)^{1/(n+1)}$$ (4-26)

式中：K_σ 为塑性应力强度因子；I_n 为与 n 有关的积分。

J 积分理论认为，当 J 积分达到临界值 J_C 时，裂纹就要扩展。因此在弹塑性情况下可用 J 作为参量来建立断裂判据。

$$J = J_C$$ (4-27)

J 积分守恒性要求不允许卸载，但由于裂纹在亚临界扩展时总要引起局部地区卸载，所以严格地说，式(4-27)只能作为起裂判据。

4.2.3 J 积分求解的一般形式

对于一般的三点弯拉试件以及紧凑型拉伸试件而言，J 积分的计算可以分为弹性和塑性两个部分：

$$J = J_{el} + J_{pl} = \frac{K^2(1-v^2)}{E} + J_{pl}$$ (4-28)

式中：K 为根据荷载及裂纹尺寸按照线弹性断裂理论求得的应力强度因子。J_{pl} 可根据荷载-位移曲线中的塑性面积 A_{pl}（图4-9），按照式(4-29)求取。

$$J_{pl} = \frac{\eta A_{pl}}{B(W-a)}$$ (4-29)

式中：对于三点弯拉试件 $\eta=2$，对于紧凑型拉伸试件 $\eta = 2.522 - 0.522\frac{a}{W}$。

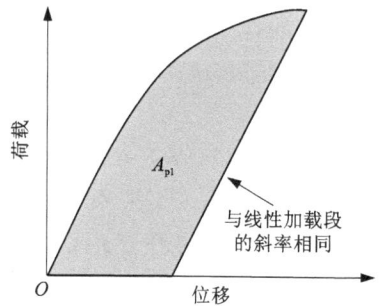

图4-9 用来求解 J_{pl} 的 A_{pl}

4.2.4 实验室测量 J 积分

室内测量 J 积分可以分为两种方法：多试件测定法和单试件测定法。

1. 多试件测定法

对于厚度为 B 的单边缺口试件来说，J 积分计算公式为：

$$J = -\frac{1}{B}\left(\frac{\partial U}{\partial a}\right)_\Delta$$ (4-30)

对于具有不同裂缝长度（a_1, a_2, a_3…）的试件，可测出它们的 P-Δ 曲线。每条 P-Δ 曲线

下的面积给出 $U = \int_0^\Delta P\mathrm{d}\Delta$，进而绘出 $U\text{-}a$ 关系曲线。对于给定 Δ 的一条 $U\text{-}a$ 曲线，曲线上每一点的斜率的负值与厚度的比值就代表了该裂缝长度下的 J 积分。分析过程如图 4-10 所示。

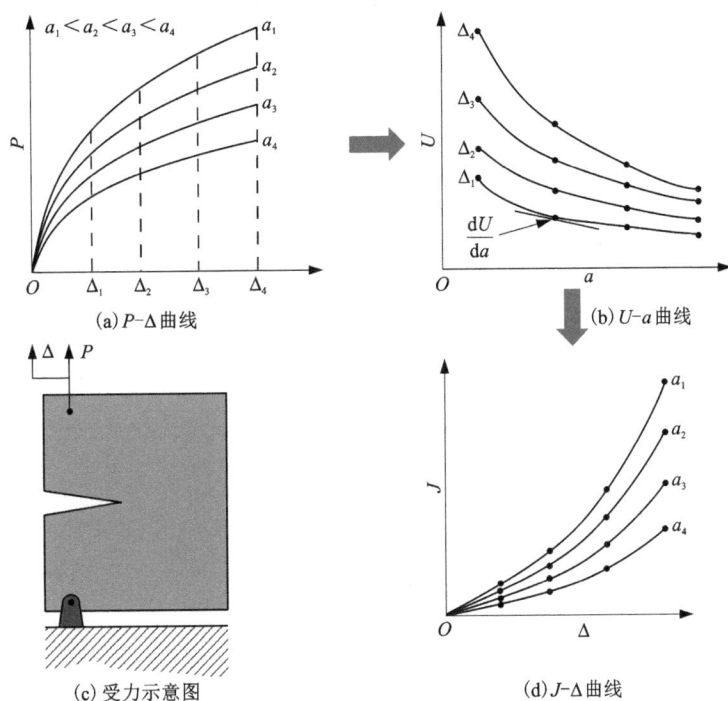

图 4-10 荷载保持不变条件下 J 积分分析示意图

2. 单试件测定法

考虑一单位厚度的双边缺口拉伸平板，如图 4-11 所示，其中对称的裂缝长度为 a，断裂带长度为 $2b$。

由于 $\mathrm{d}A = 2\mathrm{d}a = -2\mathrm{d}b$，式（4-17）可以转化为

$$J = \frac{1}{2}\int_0^P \left(\frac{\partial\Delta}{\partial a}\right)_P \mathrm{d}P = -\frac{1}{2}\int_0^P \left(\frac{\partial\Delta}{\partial b}\right)_P \mathrm{d}P \quad (4\text{-}31)$$

为了从式（4-31）中计算出 J，有必要确定载荷、位移和面板尺寸之间的关系。假定图 4-11 中的材料为各向同性的材料，服从 Ramberg-Osgood 应力-应变方程，则在外力作用下平板的位移为

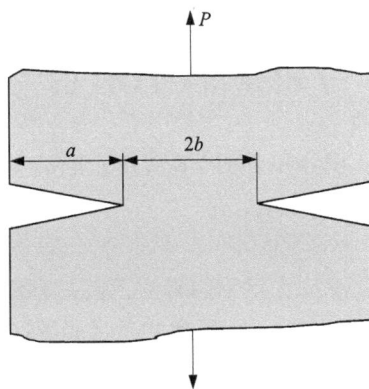

图 4-11 双边缺口拉伸平板

$$\Delta = b\Phi\left(\frac{P}{\sigma_0 b};\ \frac{a}{b};\ \frac{\sigma_0}{E};\ \nu;\ \alpha;\ n\right) \quad (4\text{-}32)$$

式中：Φ 为无量纲的函数。对于一种确定的材料，其材料的基本属性也确定，只需要考虑外加荷载和试件尺寸就可以确定 Δ。Δ 可以分为弹性和塑性部分：

$$\Delta = \Delta_{\mathrm{el}} + \Delta_p \quad (4\text{-}33)$$

将公式(4-33)代入公式(4-31)，有

$$J = -\frac{1}{2}\int_0^P \left[\left(\frac{\partial \Delta_{el}}{\partial b}\right)_P + \left(\frac{\partial \Delta_p}{\partial b}\right)_P \right] dP = \frac{K_1^2}{E'} - \frac{1}{2}\int_0^P \left(\frac{\partial \Delta_p}{\partial b}\right)_P dP \tag{4-34}$$

式中：当处于平面应力状态时，$E'=E$，当处于平面应变状态时，$E'=E/(1-v^2)$。由于公式(4-34)中右边部分的第一项容易计算，因此我们只需要考虑塑性变形即可求解 J 积分。当裂纹尺寸 a 比较大的时候，外加应力使得裂缝带区域的拉应力显著高于其他区域，可以认为裂缝带区域是影响塑性变形 Δ_p 的主要因素。因此，可以定义

$$\Delta_p = bH\left(\frac{P}{b}\right) \tag{4-35}$$

式中：H 为关于 P 和 b 的函数。对式(4-35)关于裂缝带宽度求偏微分，有

$$\left(\frac{\partial \Delta_p}{\partial b}\right)_P = H\left(\frac{P}{b}\right) - H'\left(\frac{P}{b}\right)\frac{P}{b} \tag{4-36}$$

当考虑 b 为固定参数时，对公式(4-35)关于外力 P 求偏微分，有

$$\left(\frac{\partial \Delta_p}{\partial P}\right)_b = H'\left(\frac{P}{b}\right) \tag{4-37}$$

因此，

$$\left(\frac{\partial \Delta_p}{\partial b}\right)_P = \frac{1}{b}\left[\Delta_p - P\left(\frac{\partial \Delta_p}{\partial P}\right)_b\right] \tag{4-38}$$

将公式(4-38)代入式(4-34)并进行积分后，有

$$J = \frac{K_1^2}{E'} + \frac{1}{2b}\left[2\int_0^{\Delta_p} P d\Delta_p - P\Delta_p\right] \tag{4-39}$$

需要注意的是假定的平板厚度为单元厚度，并且式(4-39)中括号内项依赖于试件的荷载-位移曲线。

4.3　J 积分和 CTOD 的关系

J 积分和 CTOD 在弹塑性断裂力学中占据重要的地位。J 积分和 CTOD 可以通过一定的方式建立联系：

$$J = m\sigma_{YS}\delta \tag{4-40}$$

式中：m 为无量纲的常数，取决于裂缝前的应力状态和材料的性质。

对于图 4-12 所示的条带屈服区域。定义 J 积分的围道在该条带屈服区域的外缘。如果该区域比较狭长，$dy=0$，$T_x=0$，那么

$$J = \int_\Gamma \left(w dy - T_i\frac{\partial u_i}{\partial x}ds\right) = \int_\Gamma \sigma_{yy}\frac{\partial u_y}{\partial x}ds \tag{4-41}$$

重新定义坐标系，没坐标原点位于条带屈服区域的尖端，则 $X=r-x$。对于固定的 CTOD，σ_{yy} 和 u_y 只取决于 X 的大小。J 积分的公式可以转化为

$$J = 2\int_0^r \sigma_{yy}(X)\left(\frac{du_y(X)}{dX}\right)dX = \int_0^\delta \sigma_{yy}(\delta)d\delta \tag{4-42}$$

式中：$\delta=2u_y$。由于在屈服区域有 $\sigma_{yy}=\sigma_{YS}$，所以公式(4-42)可以转化为

$$J = \sigma_{YS}\delta \qquad (4-43)$$

可以看出,式(4-42)与式(4-7)类似。式(4-7)是通过忽略级数展开中的高阶项,从条带屈服模型中推导得出的,式(4-42)并没有考虑这个。因此,对于平面应力状态下的非硬化材料,线弹性和弹塑性断裂的 $m=1$。

除此之外,还可以根据 HRR 解来建立裂纹尖端的变形与 J 积分的关系。裂纹尖端的变形为:

$$u_i = \frac{\alpha\sigma_0}{E}\left(\frac{EJ}{\alpha\sigma^2 I_n r}\right)^{\frac{n}{n+1}}\widetilde{ru}_i(\theta, n) \qquad (4-44)$$

式中: $\widetilde{u}_i$ 为关于 θ 和 n 的无量纲函数。

图 4-13 为根据裂尖 90° 角与裂纹面交点距离求解 CTOD 和 HRR 位移的示意图。CTOD 可以通过求解 $r=r^*$ 和 $\theta=\pi$ 时的位移分量(u_x 和 u_y)求得:

$$\frac{\delta}{2} = u_y(r^*, \pi) = r^* - u_x(r^*, \pi) \qquad (4-45)$$

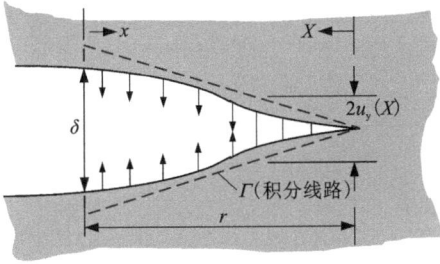

图 4-12 围绕在条状屈服区边界的围道

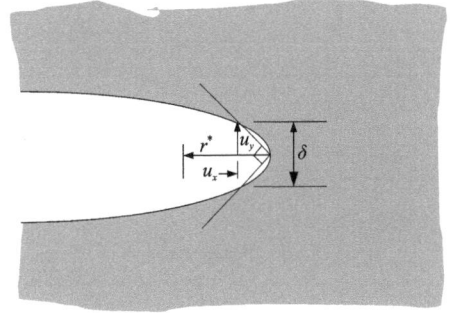

图 4-13 CTOD 和 HRR 位移求解示意图

将式(4-45)代入式(4-44),有

$$r^* = \left(\frac{\alpha\sigma_0}{E}\right)^{\frac{1}{n}}\left[\widetilde{u}_x(\pi, n) + \widetilde{u}_y(\pi, n)\right]^{\frac{n+1}{n}}\frac{J}{\sigma_0 I_n} \qquad (4-46)$$

由于 $\delta = 2u_y(r^*, \pi)$,所以

$$\delta = \frac{d_n J}{\sigma_0} \qquad (4-47)$$

式中: d_n 为无量纲的常数,可通过式(4-48)求解。

$$d_n = \frac{2\widetilde{u}_y(\pi, n)\left\{\dfrac{\alpha\sigma_0}{E}\left[\widetilde{u}_x(\pi, n) + \widetilde{u}_y(\pi, n)\right]\right\}^{\frac{1}{n}}}{I_n} \qquad (4-48)$$

对比式(4-47)和式(4-40)可知,当 $\sigma_0 = \sigma_{YS}$ 时, $d_n = 1/m$。以上的推导说明对于确定的材料, J 积分和 CTOD 之间存在确定的关系,这两个参数对于评价弹塑性材料裂纹尖端的行为是等效的。

4.4 阻裂曲线

材料的 J 积分阻力值随裂纹扩展量 Δa 的变化曲线称为 J 阻力曲线。在韧性材料裂纹扩展的过程中，裂纹尖端的奇异性会变得更加弱化，这意味着需要不断增加载荷才能使裂纹持续扩展。裂纹经过一个稳定的扩展过程，最终到达失稳扩展而发生断裂，这说明裂纹扩展过程中存在稳定和失稳两个阶段。

图 4-14 为韧性材料的典型 J 阻力曲线。在变形的初始阶段，R 曲线几乎是垂直的；由于裂纹钝化，出现了一定的裂纹扩展。随着 J 值的增加，裂纹尖端的材料局部失效，裂纹进一步扩展。由于 R 曲线在上升，初始的裂纹扩展通常是稳定的，但后续可能会变得不稳定。

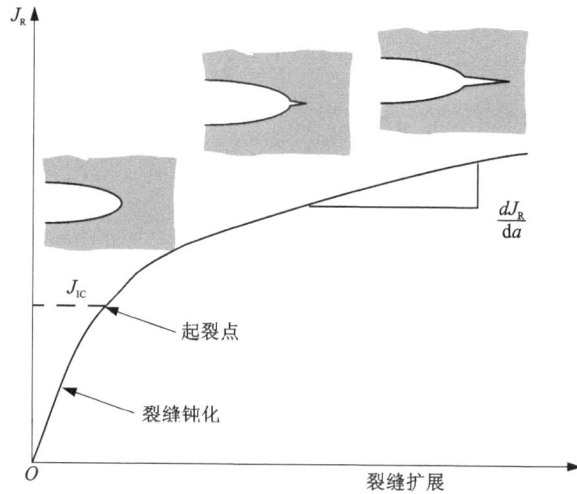

图 4-14　韧性材料的 J 阻力曲线示意图

裂纹稳态扩展的条件为：

$$J = J_{\mathrm{R}}(\Delta a) \tag{4-49}$$

$$\frac{\mathrm{d}J}{\mathrm{d}a} < \frac{\mathrm{d}J_{\mathrm{R}}(\Delta a)}{\mathrm{d}a} \tag{4-50}$$

当式(4-50)不满足时，裂纹将发生失稳扩展。图 4-15 给出了恒定外荷载作用下的 J 阻力曲线。假设荷载 OP_1 曲线与 J_R 曲线的交点在起裂点以下，裂纹不会扩展；OP_2 曲线与 JR 相交，且交点在起裂点之上，裂纹将会发生稳定扩展然后停止；当外荷载为 P_3 时，外力曲线与阻力曲线相切，裂纹扩展呈失稳趋势，切点所对应的 $\triangle a$ 为裂纹的最大稳态扩展量。

对于图 4-15 中的阻力曲线来说，常用一个无量纲的参数——撕裂模量来表示 R 阻力曲线的斜率，即

$$T_{\mathrm{R}} = \frac{E}{\sigma_{\mathrm{YS}}^2} \cdot \frac{\mathrm{d}J_{\mathrm{R}}}{\mathrm{d}a} \tag{4-51}$$

在某一加载条件下，驱动力可以表示为施加的撕裂模量，即

$$T_{app} = \frac{E}{\sigma_{YS}^2} \left(\frac{dJ}{da} \right)_{\Delta T} \qquad (4-52)$$

式中：ΔT 为试件与串联弹簧(代表加载系统)的总位移，如图 4-16 所示。

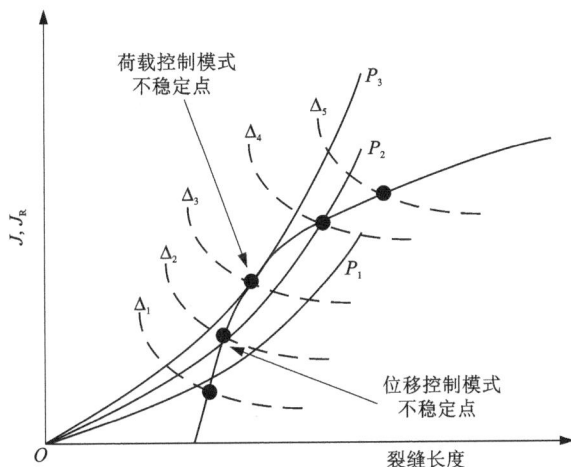

图 4-15 荷载控制与位移控制模式下 J_R 曲线

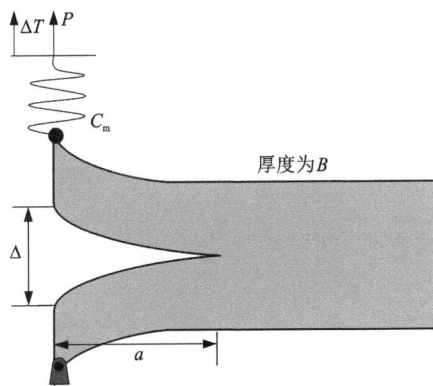

图 4-16 用一串弹簧表示的有限柔度的带裂纹的构件

$$\Delta T = \Delta + C_m P \qquad (4-53)$$

式中：Δ 为试件的变形；C_m 为系统的柔度。

这样，稳定扩展准则可写成：

$$T_{app} < T_R \qquad (4-54)$$

对于不稳定扩展，则有

$$T_{app} > T_R \qquad (4-55)$$

如果要求出临界点的荷载和裂纹扩展长度，则可应用两个方程：

$$\left. \begin{array}{l} J(P, a) = J_R(\Delta a) \\ T_{app} = T_R \end{array} \right\} \qquad (4-56)$$

4.5 基本断裂功

基本断裂功(EWF)的概念始于 20 世纪 70 年代[100-103]。对于聚合物或者韧性较高的金属来说，在其断裂过程中有明显的屈服行为。基本断裂功理论认为：对于非线弹性材料，外力所做的功一部分用于形成新的断裂面，称为基本断裂功(W_e)；另一部分用于新的断裂面周围的塑性区(W_p)，如图 4-17 所示。

总的断裂功(W_f)等于荷载-位移曲线下包围的面积。

$$W_f = W_e + W_p \qquad (4-57)$$

针对图 4-17 所示的带对称裂纹的双向拉伸平板，假设 W_e 和 W_p 的作用区域都位于裂缝带附近。公式(4-57)可以表示为

$$W_f = W_e \cdot Lt + \beta W_p \cdot L^2 t \qquad (4-58)$$

$$w_f = W_e + \beta W_p \cdot L \qquad (4-59)$$

式中：t 为平板厚度；β 为塑性功耗散区域的形状参数。

由式(4-58)、式(4-59)可知，基本断裂功与断裂带的面积相关，而非基本断裂功(塑性功)与塑性区的体积相关。对于同一类型的试件，改变裂纹的尺寸可以获取一系列的总的断裂功的数据，即可建立 w_f 与 L 之间的关联，如图 4-18 所示。

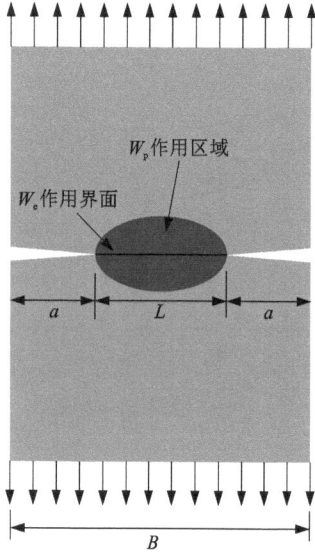

图 4-17　带双边裂纹的双向拉伸平板

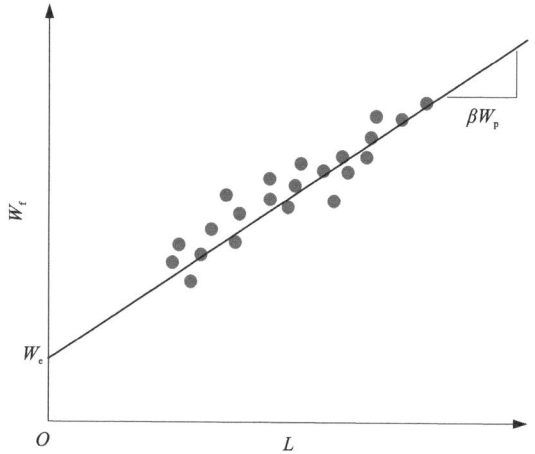

图 4-18　不同裂缝带长度下的数据

在使用 EWF 方法时，有以下条件需要满足：

①在裂纹起始之前，整个韧带都发生屈服。

②自相似的载荷-位移曲线，即在不同韧带长度下记录的试样的载荷-位移曲线可以通过线性变换统一。

③平面应力条件占主导地位，外部塑性耗散区的体积与韧带的平方成比例，即对试件的厚度具有一定的要求。

4.6　沥青混凝土弹塑性断裂基本参数的试验确定

4.6.1　J 积分试验测定

ASTM D8044-16 给出了基于半圆弯曲(SCB)试验的 J 积分测定方法。半圆弯曲试验系统一般包括轴向加载装置、荷载测量装置、弯曲试验夹具、试件变形测量装置、环境箱和控制与数据采集系统。由于沥青混合料从低温到中温伴随着从线弹性断裂到弹塑性断裂的转变，而目前的规范对中温的阈值没有明确的界定，因此一般根据实际情况，并结合 SCB 试验过程中的荷载-位移曲线(图 4-19)的形式进行判定。

SCB 试验的试件可以采用旋转压实方法制作，也可以现场钻芯获得。试件的直径为150 mm 或 100 mm。ASTM D8044 建议的空隙率为 7%，试件厚度为 57 mm，试件的切缝长度为 25 mm、32 mm、38 mm。目前的研究并没有严格按照建议的参数进行试验，比如 SCB 试件厚度的选取要结合实际混合料的级配；而切缝长度也会影响 J 积分的大小，这些在此不做详细的说明。

基本试验步骤如下：

①试件在进行试验前需要在温控箱中按照试验所需温度控温(2±0.5)h。试验开始前，试件温度与目标温度之间温差不能超过 0.3℃。ASTM D8044 建议的温度为当地沥青 PG 分级的中间温度。

②温度调整完毕后，将试件放置在试验系统夹具上，将荷载位移传感器和裂口位移传感器与试件连接。

③首先施加(45±10)N 的接触荷载，保持30 s。然后以 0.5 mm/min 的位移速度进行加载，直至试验结束。

④当荷载下降到峰值荷载的 25% 时，停止试验。

⑤数据处理。

J 积分表征的是弹塑性断裂中单位面积的裂纹扩展所需要的能量，如公式(4-60)所示：

$$J = -\frac{1}{B}\left(\frac{\mathrm{d}U}{\mathrm{d}a}\right) \tag{4-60}$$

式(4-60)可以近似地表示为：

$$J = \left(\frac{U_1}{B_1} - \frac{U_2}{B_2}\right) \times \frac{1}{a_2 - a_1} \tag{4-61}$$

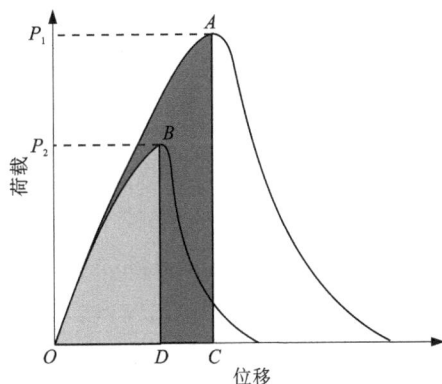

图 4-19 SCB 试验过程的荷载-位移曲线

式中：下标 1 和 2 表示两个不同的试件。

需要说明的是依据两个试件的结果，按照式(4-61)求解一般不能得到非常准确的 J 积分。此时，可以测试多个试件，将不同试件的 U/B 数据与裂纹尺寸 a 进行拟合，从而得出相对精确的结果。

4.6.2 断裂能

断裂能指裂纹从起裂、扩展直至破坏的全过程所消耗的能量。计算方法是将试验断裂过程的功(荷载-位移曲线所包围的面积)除以 SCB 试验试件的断裂带的面积，即

$$G_{\mathrm{f}} = W/A_{\mathrm{lig}} \tag{4-62}$$

式中：W 为试件断裂过程中外界所做的功，即 SCB 试验中荷载-位移曲线包围的面积，如图 4-20 所示；A_{lig} 为裂缝的扩展面积。

需要注意的是由于试验机设置不同，很多试验的荷载-位移曲线尾部缺失，也就是下降段的荷载不能达到 0。通常认为未测量的断裂能包括以下几个方面：①试验装置；②试件本身产生的能量损耗；③试验接近结束时荷载-位移曲线未记录尾端所对应的省略能量。AASHTO TP 105 引入了考虑荷载-位移曲线尾部断裂能的计算方法。图 4-20 为半圆弯曲试

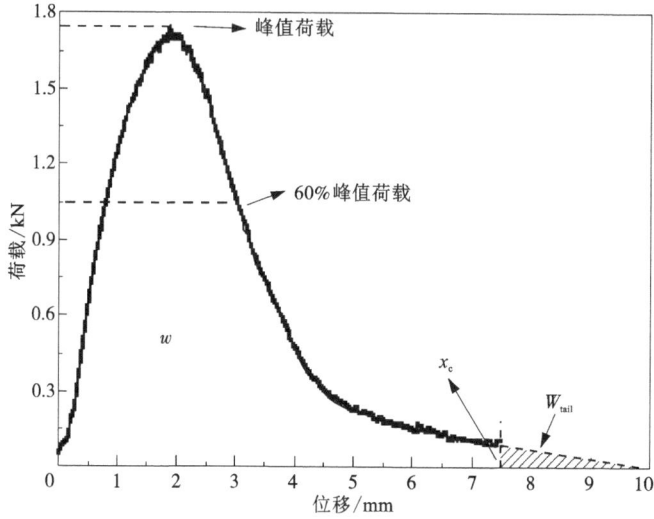

图 4-20 SCB 试验荷载-位移示意图

验荷载-位移曲线图，红色区域即为加载机未记录的尾端所对应的省略能量，尾部的功记为 W_{tail}。为了计算 W_{tail}，对峰后曲线中荷载值低于峰值荷载 60% 的部分假设满足幂指数函数规律，如式 (4-63) 所示。Li 和 Marasteanu[104] 研究发现幂指数系数 B 为 2。然而，由于方程 (4-63) 表示的是峰值荷载后材料的软化行为，因此 B 值在很大程度上取决于材料的性能和温度。B 值越大，荷载-位移曲线下降段越平坦；B 值越小，曲线越陡。用式 (4-63) 拟合峰值荷载 60% 以下的试验荷载-位移曲线，得到系数 A 和系数 B 后，通过式 (4-64) 积分即可得到曲线尾部下方面积。

$$P = A \cdot x^B \tag{4-63}$$

$$W_{tail} = \int_{x_c}^{\infty} A \cdot x^B \mathrm{d}x = -\frac{A}{B+1} \cdot x_c^{B+1} \tag{4-64}$$

式中：x 为位移；x_c 为试验测试停止时的位移；P 为荷载；A 和 B 为荷载—位移曲线的拟合参数。

因此，可由式 (4-65) 求出断裂过程总做的功，再由式 (4-62) 求出与尺寸无关的断裂能。

$$W_{total} = W + W_{tail} \tag{4-65}$$

5 基于能量法的沥青混凝土中低温断裂性能评价

5.1 等效应力强度因子

在线弹性断裂力学范畴，评价沥青混凝土断裂性能的指标一般是应力强度因子；随着温度从低温进入中温域，沥青混凝土的裂缝尖端会出现明显的塑性区，此时需要采用弹塑性断裂力学对断裂性能进行分析，一般采用 J 积分来评价断裂性能的优劣。另外，中低温时也可以采用断裂能来评价沥青混凝土的抗裂性能。除了断裂能之外，还没有一个统一的指标可以用来评价沥青混凝土从低温到中温的断裂性能。虽然断裂能参数同时考虑了力和变形的双重作用，但并不能通过简单对比不同温度下沥青混凝土的断裂能来说明哪种温度下沥青混凝土的抗裂性能更好，因为不同温度下断裂能的数值可能相同。

为了更好地对沥青混凝土中低温断裂性能进行统一评价，可以采用基于等效能量法的等效应力强度因子来分析不同温度下沥青混凝土的断裂行为。

5.1.1 等效应力强度因子的推导

等效应力强度因子是在等效能量法[105]的基础上提出的一种中温断裂评价指标。等效应力强度因子的概念由 Witt 和 Mager[106] 首次提出，用于评价金属的非线性断裂性能。我国学者徐世烺[107]将该概念引入到了水工混凝土断裂性能的评价和分析中。针对沥青混凝土 SCB 试件，应力强度因子可以通过式(5-1)进行求解。

$$K_{IC} = \frac{P_{max}}{2Rt}\sqrt{\pi a}\,Y \tag{5-1}$$

式中：P_{max} 为峰值荷载；R 为试件半径；t 为试件厚度；a 为预制裂缝长度；Y 为形状因子。

图 5-1 中曲线 OABC 为沥青混凝土 SCB 试验荷载–位移曲线上升段曲线，沥青混凝土在 C 点达到峰值，产生失稳破坏。沥青混凝土试件的荷载–位移曲线 OC 包括线性阶段和临近失稳破坏前的非线性阶段。由于试件的变形表现为非线性，不能直接将峰值荷载 P_C 直接代入式(5-1)求解沥青混凝土的断裂韧度。

在线弹性范围内，荷载与位移成正比，曲线下方的弹性应变能 U 的平方根与荷载 P 成正比。荷载–位移曲线上 A，B 两点所对应的荷载分别为 P_A 和 P_B。A、B 两点的应变能由 $\triangle OAG$ 和 $\triangle OBF$ 的面积（U_A 和 U_B）表示，所以有：

$$\frac{P_B}{P_A} = \sqrt{\frac{U_B}{U_A}} \tag{5-2}$$

将 B 点按照线段 AB 的斜率延伸到 C^* 点，使 ΔU_{C^*} 与 ΔU_C 相等。则可以得到：

$$\frac{P_{C^*}}{P_A} = \sqrt{\frac{U_C}{U_A}} \tag{5-3}$$

将 P_{C^*} 代入式(5-1)计算相应的断裂韧度值，即为：

$$K^*_{IC} = \frac{P_{C^*}}{2Rt}\sqrt{\pi a} \cdot Y = \frac{P_A}{2Rt}\sqrt{\frac{U_C}{U_A}\pi a} \cdot Y \tag{5-4}$$

式中：P_A 为荷载-位移曲线上线性阶段上的任意一点；U_A 为 A 点所对应的弹性应变能；U_C 为破坏时的总应变能；K^*_{IC} 为等效应力强度因子，可反映荷载加载点位移曲线的非线性对断裂韧度的影响。

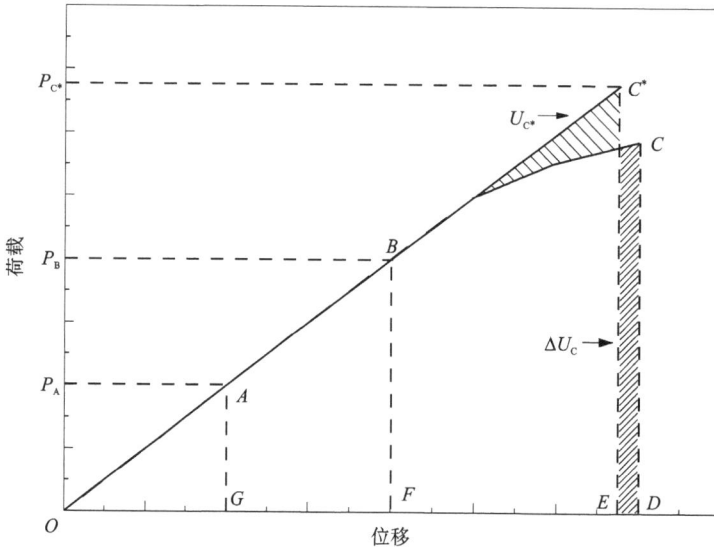

图 5-1　等效应力强度因子(K^*_{IC})计算示意图

5.1.2　具体算例

1. 材料

本书所采用的沥青为 SBS 改性沥青和 RAP 集料中所包含的回收沥青，SBS 沥青基本性能如表 5-1。

表 5-1　SBS 沥青基本性能

性能指标	单位	指标值	检测结果	试验方法
针入度(25℃)100 g・5 s	0.1 mm	30~60	55.6	T0604

续表5-1

性能指标	单位	指标值	检测结果	试验方法
延度 5 cm/min 5 ℃	cm	20	30.2	T0605
软化点	℃	60	78.9	T0606
运动黏度（135℃）	Pa·s	3	1.98	T0625
针入度指数 PI	—	0	0.23	T0604
闪点	℃	230	>300	T0611
溶解度（三氯乙烯）	%	99	99.65	T0607
离析（软化点差℃）	℃	2.5	0.6	T0606
弹性恢复（25℃，10）	%	75	95	T0662

集料分为两种，分别为新集料和 RAP 集料。新集料为石灰岩，表观相对密度为 2.668，吸水率为 1.2%，洛杉矶磨耗值为 10.3%。试验采用的回收沥青混合料来自湖南某高速公路，为了减少 RAP 集料的变异性，按照设计级配对其进行筛分，从而更好地保证沥青混合料的稳定性。本实验分别采用 0%、25%、50%、75% 和 100%RAP 掺量进行沥青混合料的配合比设计，根据 Superpave 设计原理获得沥青混合料最佳油石比为 6.2%。根据《公路工程沥青及沥青混合料试验规程》(JTG E20—2011) 提供的方法对 RAP 集料进行抽提试验，测得 RAP 材料中沥青的含量为 4.3%。在配制不同 RAP 掺量的沥青混合料时，控制新沥青和 RAP 中沥青的总含量为 6.2%。RAP 的级配和新的骨料的级配完全一致，沥青混合料配合比见表 5-2，级配曲线见图 5-2。同时，为了研究再生剂对再生沥青混凝土断裂性能的影响，在 100%RAP 掺量的沥青混凝土中加入再生剂，再生剂的用量为再生沥青质量的 1.3%。

表 5-2　沥青混合料级配

筛孔尺寸/mm	16.000	13.200	9.500	4.750	2.360	0.600	0.300	0.150	0.075
通过率/%	100.0	98.0	90.0	72.0	53.0	28.0	14.0	8.3	5.6

2. 试件制作

采用旋转压实仪制备试件，旋转压实试件与工程实际压实情况相似，其密实度与颗粒分布与实际情况几乎相同。试件制备时，加载应力为 600 kPa，旋转压实次数为 100 次，得到高度大约为 120 mm，孔隙率大约为 4% 的试件。查阅相关资料，可知厚度为 25 mm 的半圆试件对位移荷载有较好的力学响应故对试件进行切割，得到半径为 75 mm，厚度为 25 mm 的半圆试件。对每个半圆试件进行预切缝，在半圆试件底部中心位置处切出一条垂直切缝，切缝宽度为 1.5 mm，切缝深度分别为 15 mm 和 20 mm。用于计算应力强度因子和等效应力强度因子的试件切缝深度为 15 mm；同时为了验证等效应力强度因子的可行性，在中温时还进行了切缝深度为 20 mm 的 SCB 试验，进而可以计算出中温条件下的 J 积分数据，从而可以将 J 积分的数据和等效应力强度因子的数据进行对比分析。试件制作如图 5-3 所示。

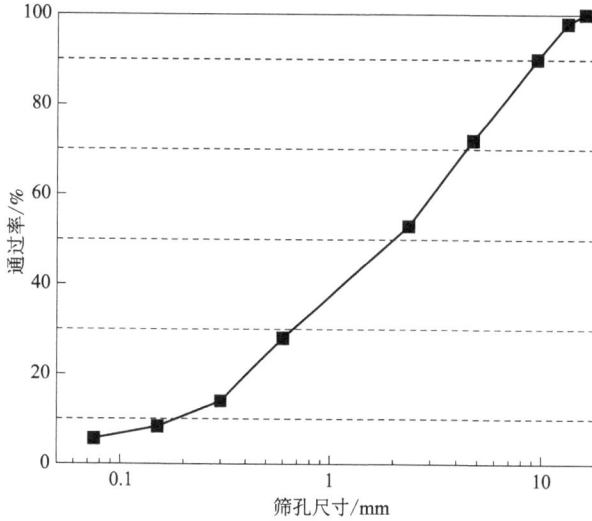

图 5-2 沥青混凝土级配曲线

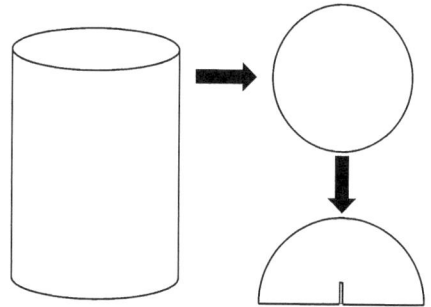

图 5-3 试件制作流程

3. SCB 试验

为了探究沥青混合料在中低温的断裂性能，试验在 3 种不同的温度下进行，分别为 -10℃、0℃和 25℃，分别代表低温与中温。为了保证在较小的荷载作用下获得较大的力学响应，减少加载点和支撑点的变形，同时避免支撑点处的剪切破坏，试件底部支撑点间距取试件直径的 0.8 倍，即 120 mm，加载速度为 5 mm/min。试验在 UTM-250 沥青混合料多功能试验机上进行，在进行实验前需要将支撑夹具与 SCB 试件保温 4 h。UTM 试验机同时记录荷载位移数据。

4. 结果分析

-10℃和 0℃下的应力强度因子可通过式(5-1)求解，25℃下等效应力强度因子通过式(5-4)求解。图 5-4 为不同温度下不同 RAP 掺量的再生沥青混凝土的应力强度因子。在 -10℃和 0℃时，应力强度因子随着 RAP 掺量的增加逐渐减小，说明在低温时 RAP 的掺入会削弱沥青混凝土的抗裂性能；并且 RAP 掺量越高，抗裂性能越差。但是在 25℃时，等效应力强度因子随着 RAP 掺量的增加而不断增加，说明掺入 RAP 能够在一定程度上提高沥青混凝土的中温抗裂性能。同时，在 RAP 掺量为 100%的沥青混凝土中加入再生剂可以提高沥青混凝土的抗裂性能。相比于 100RAP 掺量的沥青混凝土，加入再生剂后应力强度因子 -10℃、0℃和 25℃时分别提高了 14.7%、9.3%和 2.4%。图 5-5 为 25℃时，不同 RAP 掺量的沥青混凝土的 J 积分的结果。随着 RAP 掺量的增多，J 积分数值呈增加的趋势，再生剂的掺入进一步提高了 J 积分的数值，说明随着 RAP 掺量的增多，沥青混凝土的抗裂性能逐渐提高。25℃时，等效应力强度因子和 J 积分表现出类似的变化规律，说明采用等效应力强度因子评价沥青混凝土的中温断裂性能是可行的。

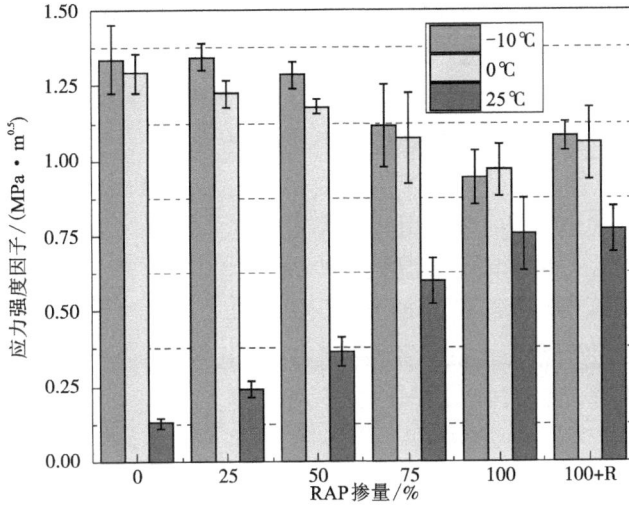

图5-4 不同温度下的应力强度因子

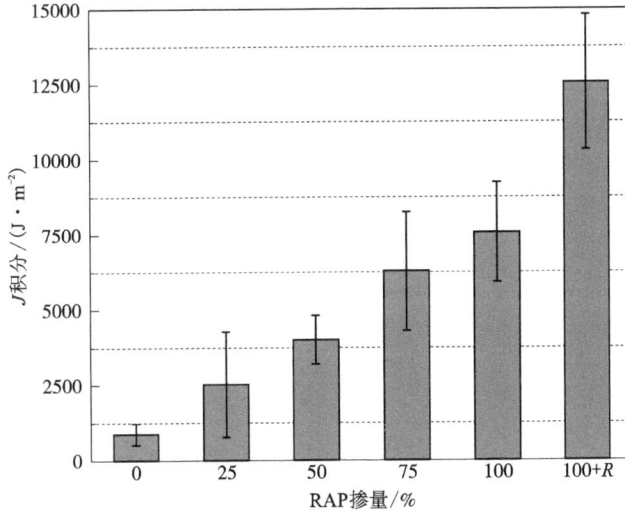

图5-5 25℃时不同RAP掺量的沥青混凝土的J积分结果

5.2 弹性应变能、塑性耗散能及峰后能量分析

在岩石和混凝土等脆性与准脆性材料的变形与破坏中，能量的吸收、耗散与释放起着重要的作用。从能量转化的角度分析，岩石类或者混凝土材料的变形破坏是一个非平衡态热力学过程，伴随着能量输入、能量积累、能量耗散和破坏时的能量释放。图5-6为一条典型的应力-应变曲线。在外荷载不断增大的过程中，岩石类或者混凝土材料会同时承受弹性变形和塑性变形，用于塑性变形的外力功称为塑性耗散能(U_d)，该部分能量为不可逆能量；用于弹性变形的能量称为弹性应变能(U_e)，在试件起裂之前，弹性应变能储存在材料内部，当外力被撤销后该部分能量会被释放出来，属于可逆能量。随着荷载的继续增大，试件内部的微

裂纹以及微孔隙等逐步扩展，逐渐形成了宏观的开裂，此时所消耗的能量用于裂缝新的表面形成，也称为表面能。表面能和塑性耗散能都表现为能量的耗散，统称为耗散能，主要用于岩石类材料界面之间的摩擦、滑移、裂缝开展等，从而降低岩石类材料抵抗破坏的能力和储能极限[108]。

利用能量法分析沥青混凝土的抗裂性能是一种合理的技术路径，因为能量法同时考虑了力和变形。在沥青混凝土间接拉伸试验中，一般采用耗散蠕变应变能（$DCSE_f$）和能量比（ER）来表征沥青混凝土的抗裂性能。$DCSE_f$ 越大，说明沥青混凝土的抗裂性能越好[109]。另外，在评价沥青混凝土的疲劳性能时，例如疲劳开裂和寿命预测时，能量法也是一种被广泛使用的方法，特别是在四点弯曲梁试验中[110, 111]。在沥青混凝土的疲劳开裂中，很多研究者发现累积耗散能和疲劳寿命之间存在一定的线性或者非线性的关系，并且这种关系主要跟材料本身有关，而与加载模式、频

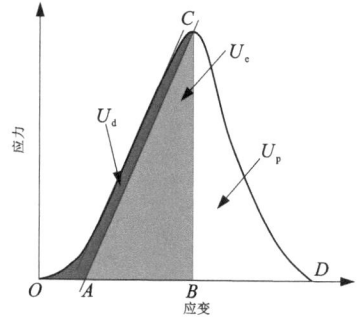

图5-6 塑性耗散能、弹性应变能以及峰后应变能示意图

率和温度等无关。目前，基于断裂力学理论评价沥青混凝土抗裂性能的方法主要采用应力强度因子、断裂能以及 J 积分等参数。应力强度因子一般用于低温条件下沥青混凝土断裂性能的评价，但该参数只能反应力学方面的性能而不能包含对变形能力的评价；J 积分的计算是基于两个相似试件峰前的能量变化，不能反映峰值后能量的演化规律。相对而言，断裂能是一个适用于评价沥青混凝土从低温到中温宽温域内的断裂性能的参数。但是，目前规范内针对断裂能的计算考虑的是从初始加载到试件最终断裂破坏的全过程，针对峰值前和峰值后的能量计算以及断裂性能评价没有做出具体的说明；同时由于不同温度下沥青混凝土会表现出不同的弹塑性性质，断裂能参数也并未区分弹性应变能和塑性耗散能对断裂能的贡献。

5.2.1 弹性应变能、塑性耗散能和峰后能量的分析方法

图5-7为基于SCB试验的能量计算示意图。整体的断裂能可通过式（5-5）计算。W 为外力所做的功，包含了两部分，一部分用于沥青混凝土塑性变形，另一部分为沥青混凝土的弹性变形。借助于断裂能的计算方法，式（5-6）可以转化为式（5-7），表征扩展单位面积的裂缝所需消耗的弹性变形能量和塑性变形能量，即弹性应变能（U_e）和塑性耗散能（U_d）。针对具体的试验，在确定 U_e 和 U_d 时，需要在峰值点处进行卸载试验，从而确定卸载模量或者卸载韧度（E_u），U_e 即可通过式（5-8）求得。但是，针对沥青混凝土而言，进行卸载试验求取 E_u 一般很难确定峰值点，所以需要两个或者多个试件才能确定 E_u。故一般采用简化的方法，将 E_u 等效为上升段的斜率。如图5-7所示，曲线上升段的初始阶段和接近峰值的阶段，曲线表现出明显的非线性，故采用曲线的中间段（$0.3 \sim 0.6N$）来计算 E_u。

$$G_F = \frac{W}{A_{lig}} \tag{5-5}$$

$$W_B = W_e + W_d \tag{5-6}$$

$$U = U_e + U_d = \frac{W_e}{A_{lig}} + \frac{W_d}{A_{lig}} \tag{5-7}$$

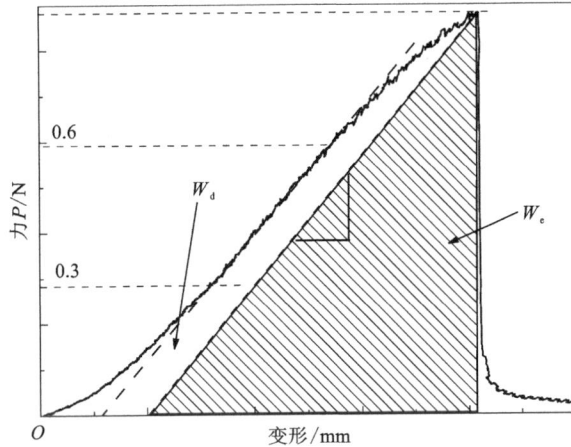

图 5-7 基于 SCB 试验的各种能量的计算示意图

$$U_e = \frac{W_e}{A_{\text{lig}}} = \frac{F^2}{2E_u \cdot A_{\text{lig}}} \tag{5-8}$$

式中：G_F 为断裂能；W 为荷载-位移曲线下的面积；A_{lig} 为 S_{CB} 试件断裂韧带的面积；W_B 为峰值荷载前曲线下的面积；F 为曲线上某一点的荷载值。

除了各种能量参数外，在沥青混凝土破坏和变形过程中还可以用脆性指数来表征其力学性能和变形性能。同时，如果在沥青混凝土中加入 RAP 或者再生剂，沥青混凝土断裂性能会发生变化，混合料的脆性也会有明显的变化。国内外很多学者研究了岩石和混凝土材料的脆性，发现材料的脆性与很多参数有关，例如变形、应力水平、材料线性和非线性的变形特征等。利用能量方法来评价沥青混凝土的脆性是一种常用的方法，并且已经被很多学者所采用，进而提出了很多基于能量的脆性公式[112-114]。作者在考虑了弹性应变能(U_e)、塑性耗散能(U_d)、峰值后能量(U_p)、峰值荷载对应的变形(d_p)后，提出了计算沥青混凝土脆性的公式：

$$BI = \frac{U_e}{(U_d + U_p) \cdot d_p} \tag{5-9}$$

5.2.2 具体算例

SCB 试验所需的材料、试验步骤与 5.1.2 节相同。试验温度分别为-10℃、0℃ 和 25℃，试件切缝为 20 mm。

（1）不同温度下沥青混凝土荷载-变形行为

图 5-8 为-10℃、0℃ 和 25℃时沥青混凝土典型的荷载-位移曲线图。可以看出，在低温时(-10℃和 0℃)，荷载随着变形的增加而迅速地增加，并且表现出了明显的线性特性；达到峰值荷载后，荷载迅速下降，并且峰值荷载后没有明显的变形，说明沥青混凝土在低温条件下表现出了明显的脆性。在中温时(25℃)，峰值荷载显著低于-10℃和 0℃时的峰值荷载；但峰值荷载对应的变形明显大于-10℃和 0℃时的变形。峰值荷载后，随着变形的增加，荷载缓慢地下降，下降段的变形明显大于-10℃和 0℃时的下降段变形。-10℃、0℃ 和 25℃的荷载-位移曲线说明中温时沥青混凝土表现出了明显的塑性特征。

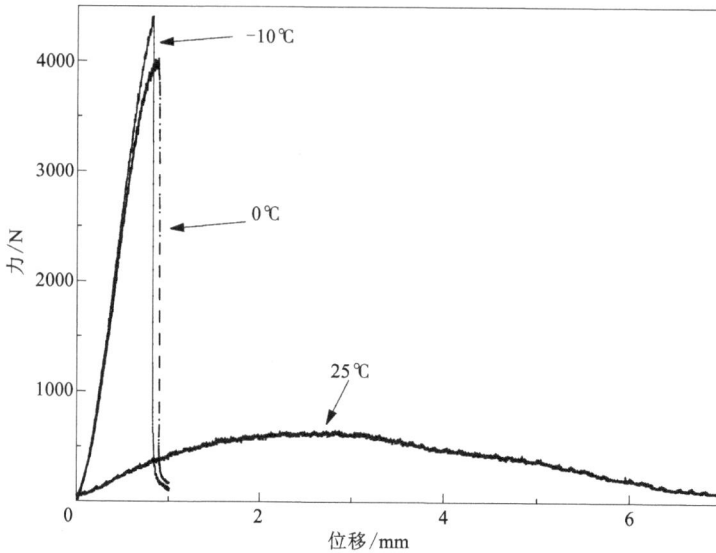

图 5-8　不同温度下沥青混凝土典型的荷载-位移曲线

（2）不同温度下沥青混凝土的断裂能

图 5-9 显示了不同温度下沥青混凝土的断裂能。-10℃时，掺入 25% 的 RAP，沥青混凝土断裂能显著提高了；相比未掺加 RAP 的沥青混合料，断裂能提高了 37.6%。随着 RAP 掺量从 25% 增加到 100%，断裂能逐渐减小。0℃时，0%RAP 和 25%RAP 掺量的沥青混凝土试件的断裂能无明显差异。但是当 RAP 掺量从 25% 增加到 100% 时，断裂能表现出降低的趋势。相比于 25%RAP 掺量的试件，100%RAP 掺量的试件在-10℃和 0℃时的断裂能分别下降了 68.6% 和 50.3%。这表明：较低的 RAP 掺量不会影响沥青混凝土的低温抗裂性能；但是当 RAP 掺量较高时，断裂能会明显降低。25℃时，当 RAP 掺量在 0~75% 范围内变化时，断裂能逐渐增大；当 RAP 掺量继续增大到 100% 时，断裂能降低。与未掺加 RAP 的沥青混凝土试件相比，75%RAP 掺量的沥青混凝土的断裂能增大了 87%。但是，不论在何种温度下，再生剂均增大了 100%RAP 对应试件的断裂能。相比 100%RAP 掺量的试件，在-10℃、0℃和 25℃时，再生剂对断裂能的提高幅度分别为 15.5%、39.7% 和 62.9%，这说明不论在何种温度下再生剂对高掺量 RAP 再生沥青混凝土的断裂性能均有显著的提高。

（3）SCB 测试过程中沥青混凝土的能量演化

在 3 种不同的温度下，0%RAP 和 75%RAP 掺量的混合料的能量演化如图 5-10 所示。横轴 d/dP 表示将峰值荷载对应的位移归一化后的数值。

荷载-位移曲线的上升部分基本可以分为 3 段。在-10℃和 0℃时，对于 RAP 掺量为 0 的沥青混凝土[图 5-10（a）和（c）]，初始阶段一小段表现为非线性特性，在这个区域内，塑性耗散能和弹性应变能都很低。从 A 点到 B 点，荷载-位移曲线呈现明显的线性特征。总断裂能和弹性应变能的增长率几乎相同。图 5-10（a）、（c）中弹性应变能曲线与总能曲线几乎重合，塑性耗散能较小。从 B 点到峰值荷载点，弹性应变能的增长率逐渐减小，塑性耗散能增长率显著提高，表明发生了明显的塑性变形。塑性耗散能的快速增大促进了内部微裂纹的扩展，扩大了损伤程度。对于 RAP 掺量为 0 和 75% 的试件，虽然一般认为 RAP 的掺入会使混

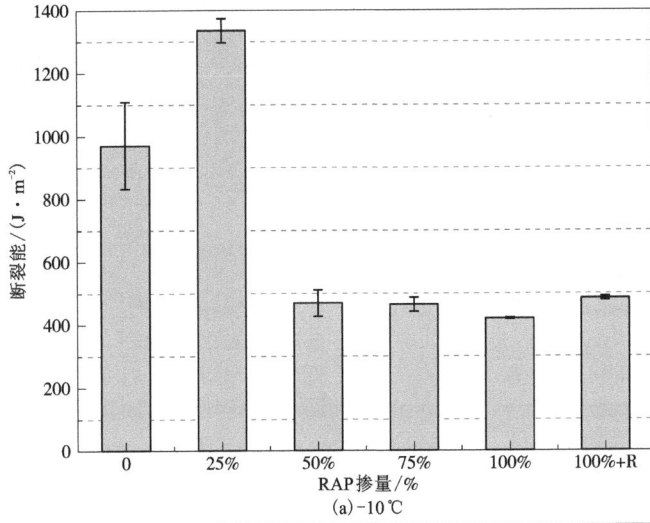

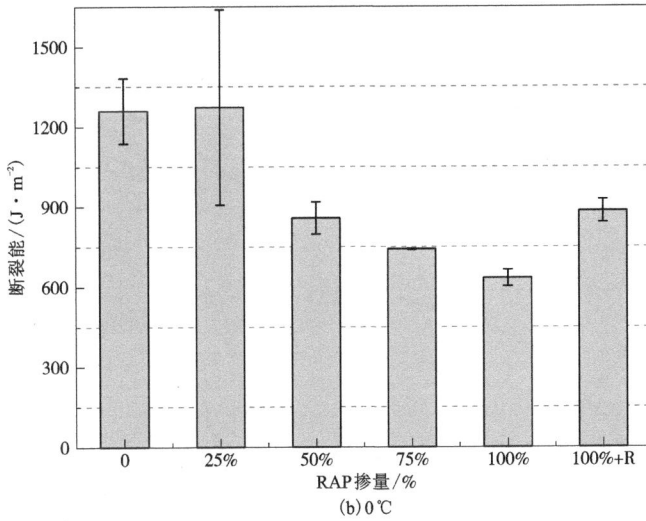

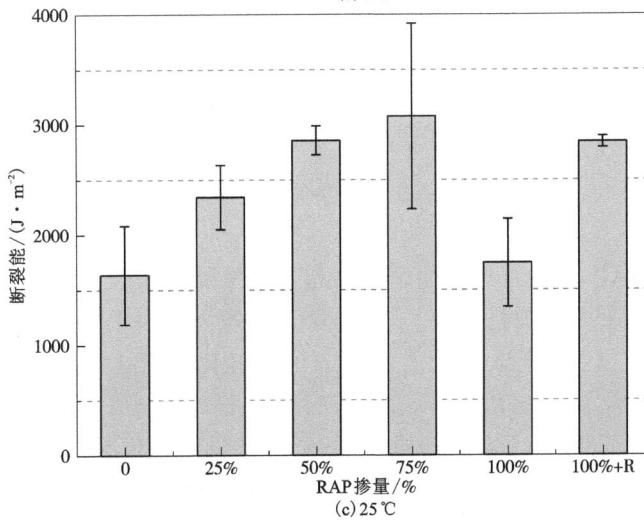

图 5-9　不同温度下沥青混凝土断裂能

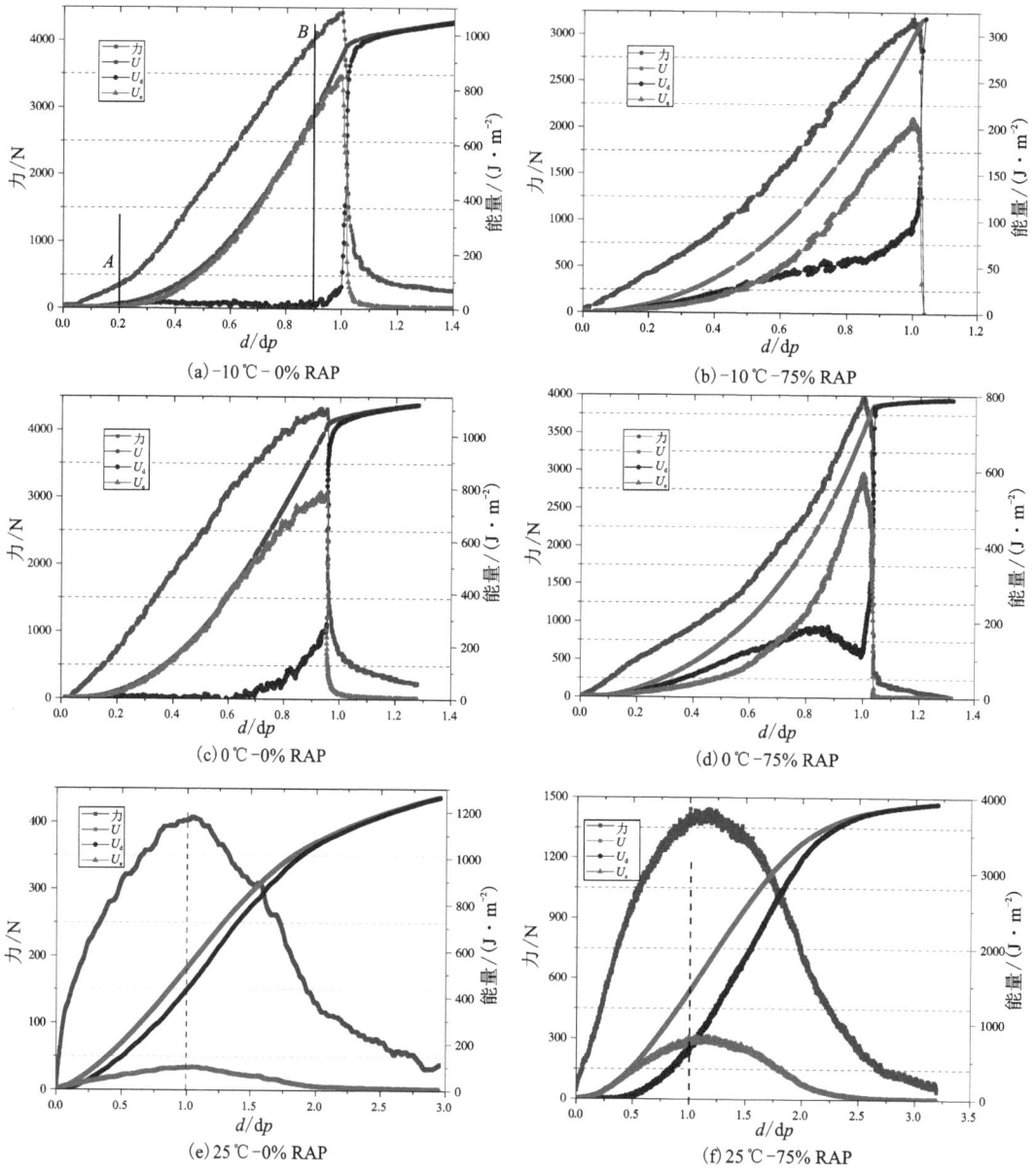

图 5-10 0%RAP 和 75%RAP 掺量的沥青混凝土荷载与能量的演化

合料刚度变大，但 RAP 掺量为 75% 的试件的塑性耗散能的增长比未掺加 RAP 的试件更明显。在-10℃和 0℃条件下，荷载迅速下降，在峰后阶段没有明显的位移；因此，在峰值点之后，耗散能迅速增加，U_d 的值与总能(U)接近。总能和耗散能的增长率都很低，表明破坏已经发生。

在 25℃时，峰值荷载前，0%RAP 和 75 %RAP 掺量的试件耗散能的增加均比-10℃和 0℃时显著。峰值荷载后，弹性应变能逐渐减小至零；但总能和塑性耗散能仍然以较高的速率增加，说明温度的升高引起了明显的塑性变形。RAP 掺入引起的差异主要体现在 U、U_d、U_e 和峰后能(U_p)的值上。

（4）弹性应变能、塑性耗散能和峰后能量

图 5-11 为不同 RAP 掺量沥青混凝土试件 -10℃时能量的组成及其相应百分比的柱状图。可以看出，在所有混合料中，弹性应变能（U_e）所占比例最大，为 77%至 89%。当 RAP 掺量从 0 增加到 25%时，弹性应变能增大了 34.1%，耗散能也明显增大。但需要注意的是，当 RAP 掺量从 0 增加到 25%时，弹性应变能（U_e）占总能的比例从 79%略微下降到 77 %；耗散能（U_d）所占比例由 1.4%增加到 8%。当 RAP 掺量从 50%变化到 100%时，弹性应变能（U_e）无明显变化；耗散能（U_d）和峰后能（U_p）略有下降。与 100%RAP 的试件相比，当掺入再生剂时，U_d 和 U_p 都显著增大，U_d 和 U_p 分别提高了 149%和 35%，但 U_e 的大小没有明显变化。相应地，与 100%RAP 的试件相比，U_d 的百分比由 4.40%提高到 13.20%；U_p 的百分比从 7.50%提高到 9.00%。这些结果表明，再生剂对提高耗散能和峰后能效果显著，而对弹性应变能影响较小。

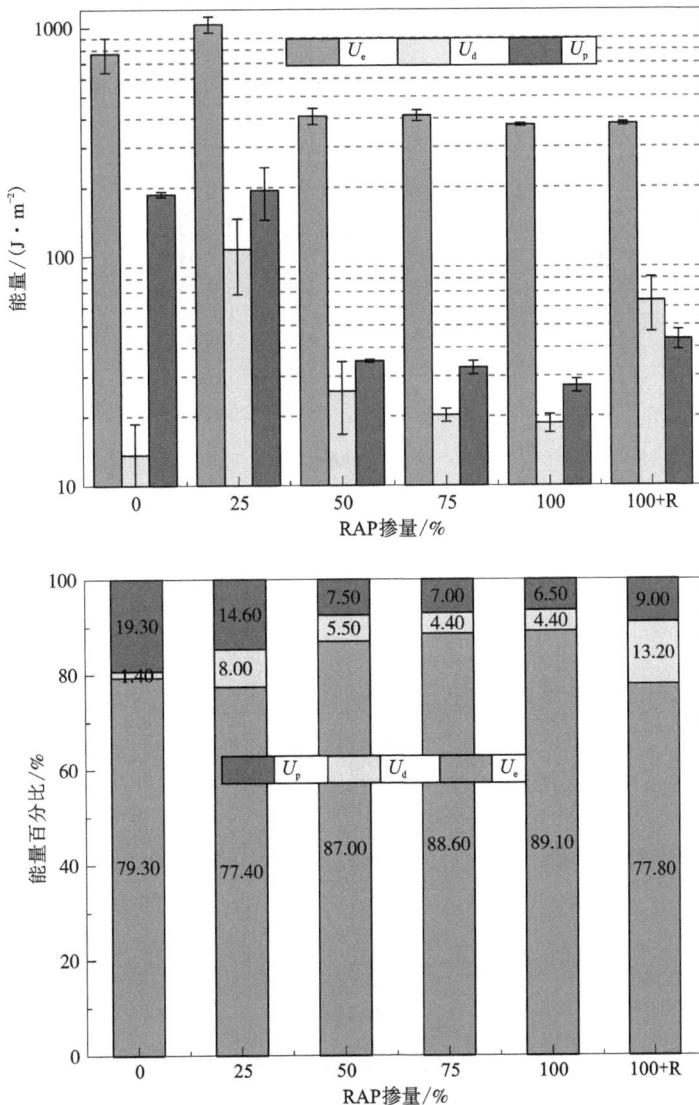

图 5-11　-10℃各沥青混凝土试件能量及能量百分比（**R** 为再生剂）

图 5-12 为 0℃时不同 RAP 掺量沥青混凝土试件的能量大小及其对应比例的柱状图。与 -10℃时的能量占比相比，U_e 的比例降低，U_d 的比例显著升高，表明温度从 -10℃升高到 0℃时，材料的塑性行为显著。当 RAP 掺量从 0 增加到 25% 时，U_e 和 U_d 变化不明显，而 U_p 小幅降低。当 RAP 掺量从 25% 增加到 100% 时，U_e、U_d 和 U_p 均减小。这一结果表明，低 RAP 掺量对抗裂性影响不大；而较高 RAP 掺量会降低弹性应变能、耗散能和峰后能。RAP 掺量从 0 变化到 100% 时，U_e 的比例从 66.50% 增加到 78.70%；耗散能从 24.40% 下降到 10.80%。与 100% RAP 的试件相比，再生剂的添加使 U_e、U_d 和 U_p 分别提高了 19.1%、192% 和 37.7%，说明 U_d 和 U_p 的增大更为明显。当 100% RAP 的试件中掺入再生剂时，由于 U_d 的增大更为显著，U_d 占总能量的比例提高到 23%；U_e 的比重下降到 67.10%。

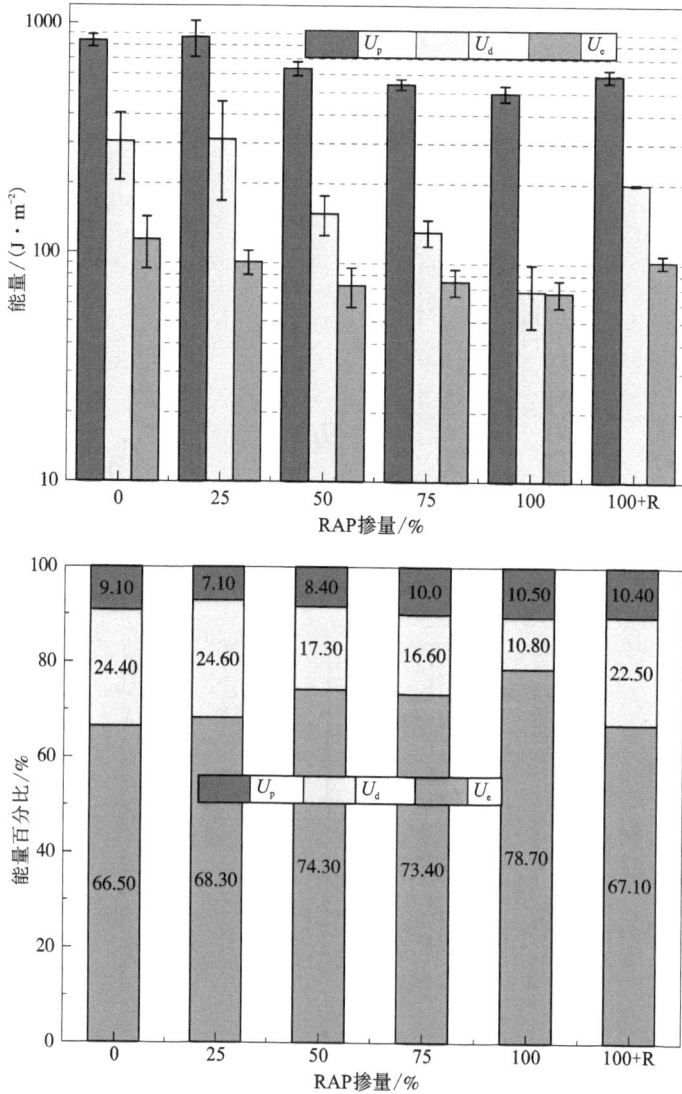

图 5-12　0℃各沥青混凝土试件能量及能量百分比

图 5-13 为 25℃时 U_e、U_d 和 U_p 的大小和比例柱状图。与-10℃和 0℃时相比，U_p 的比例显著升高；而 U_e 所占比例有所下降。当 RAP 掺量从 0 增加到 75% 时，U_p 数值显著增大。虽然掺入 RAP U_e 增加了，但当 RAP 掺量从 25% 增至 100% 时，U_e 几乎保持不变。当 RAP 掺量从 75% 增至 100% 时，U_d 和 U_p 均显著减小，表明高掺量的 RAP 减小了耗散能和峰后能，从而降低了抗裂能力。与-10℃和 0℃条件下的结果类似，添加再生剂可使 U_e、U_d 和 U_p 增大从而增强抗断裂能力。相比于 100%RAP 的试件，再生剂的掺入使 U_e、U_d 和 U_p 分别提高 9.1%、37.8% 和 157%，说明再生剂对试件抗断裂性能的增强主要体现在 U_d 和 U_p 上。

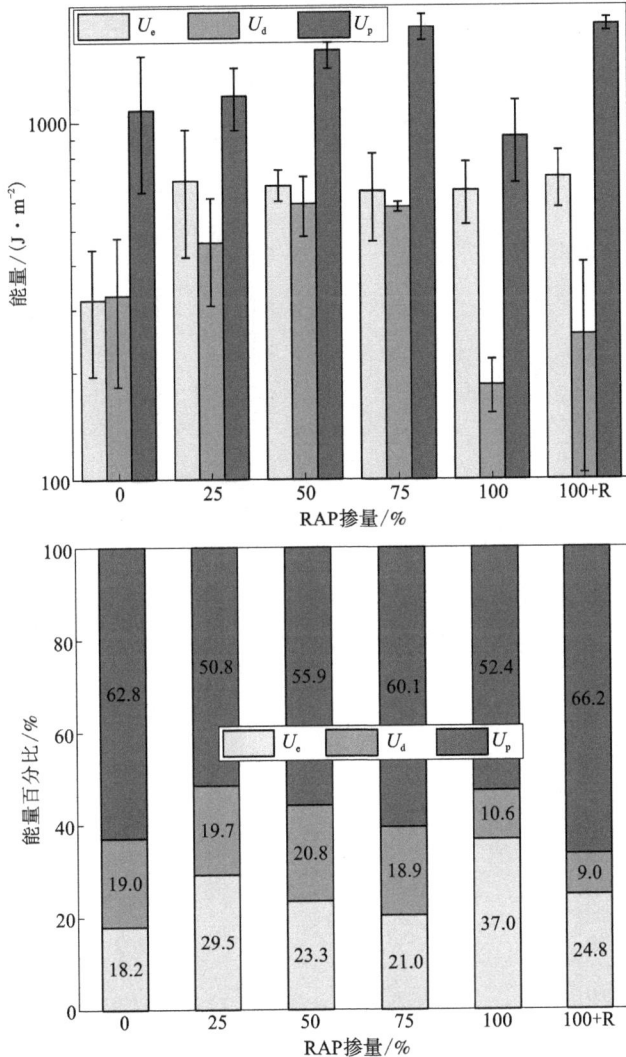

图 5-13　25℃各沥青混凝土试件能量及能量百分比

(5) 脆性分析

利用式 (5-9) 可得到所有混合料在不同温度下的脆性指数 (BI)，结果如图 5-14 所示。当温度从-10℃升高到 25℃时，同类型混合料的 BI 值显著降低。这是沥青结合料的黏弹本质

(a) -10 ℃

(b) 0 ℃

(c) 25 ℃

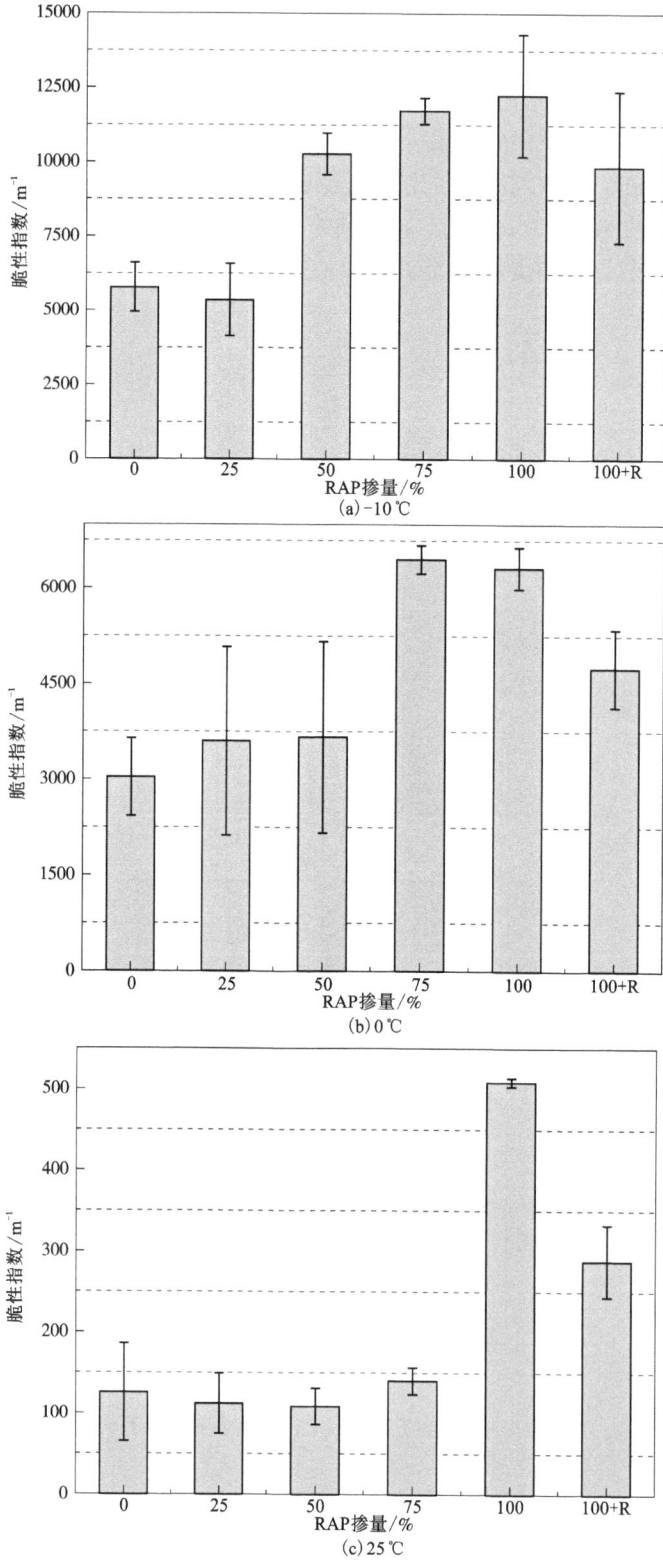

图 5-14　不同温度下各混合料脆性指数

导致的，即破坏模式由脆性破坏转变为延性破坏。虽然 $-10℃$ 时 25% RAP 的 HMA、$0℃$ 时 100% RAP 的 HMA、$25℃$ 时 25% RAP 和 50% RAP 的 HMA 的 BI 值为一些无序的数据，但 BI 值随着 RAP 掺量的增加而增大，说明 RAP 的掺入使 HMA 更脆。在 $-10℃$、$0℃$ 和 $25℃$ 时，相比于 100% RAP 的试件，再生剂的添加显著降低了 BI 值，分别降低了 19.6%、24.9% 和 43.3%。这是由于再生剂可以软化老化的结合料，并能显著提高峰后能（U_p）的比例，同时降低弹性应变能（U_e）的比例，如图 5-11~图 5-13 所示。

本节通过一系列 SCB 试验研究了沥青混凝土断裂全过程的能量演化和脆性特征。为此，设置了一个包含 6 种混合料类型和 3 种测试温度的测试场景。获得了弹性应变能、耗散能和峰后能等参数数据。利用这些能量参数得到的脆性指数分析研究了不同 RAP 掺量的 HMA 在不同温度下的脆性。基于试验结果，可以得出以下结论。

①RAP 对断裂能的影响受温度和 RAP 掺量的影响。在 $-10℃$ 和 $0℃$ 时，RAP 掺量为 25% 的 HMA 在断裂能方面表现出较好的抗裂能力，不添加 RAP 的 HMA 次之。在 $25℃$ 时，断裂能随着 RAP 掺量的增加而增大，最佳 RAP 掺量为 75%，此时断裂能达到最大值。另外，在 $-10℃$ 到 $25℃$ 范围内，再生剂有助于提高沥青混凝土试件抗断裂能力。

②在 $-10℃$ 和 $0℃$ 时，未添加 RAP 的混合料的总能和弹性应变能（U_e）的增长速率几乎相同，但 U_d 非常低。对于 75% RAP 的混合料，U_d 相较于 0% RAP 增加更为明显。峰值荷载后，U_e 迅速降为零；U_d 和总能迅速达到最大值。在 $25℃$ 时，由于峰值荷载后塑性变形明显，耗散能和总能在峰值荷载后仍以较高的速率增加。

③在 $-10℃$ 时，U_e、U_d 和 U_p 均在 RAP 掺量为 25% 时达到最大值。在 $0℃$ 时，0% RAP 和 25% RAP 混合料的能量无明显差异；当 RAP 掺量持续增加时，U_e、U_d 和 U_p 均下降。在 $25℃$ 时，当 RAP 掺量从 0 增加到 75% 时，峰后能显著增大；弹性应变能（U_e）的值也因 RAP 的加入而增大。但当 RAP 掺量从 25% 到 100% 时，U_e 变化不大。再生剂对抗裂能力的增强主要是源于耗散能和峰后能的提高。

④综合考虑 U_e、U_d、U_p 和峰值荷载对应的位移，提出了表征脆性的参数。随着温度的升高，混合料脆性明显降低。此外，RAP 的掺入通常会增大混合料脆性；且 RAP 掺量越大，脆性指数越大。

⑤本章提出了一种从能量角度评价不同 RAP 掺量的 HMA 断裂行为的方法。为了进一步验证该方法的可行性，今后还需要对更多具有不同配合比的试件开展试验。另外，建议开展本书所提的能量参数与其他断裂参数之间的相关性研究，如应力强度因子和应变能释放率（J 积分）。

5.3　考虑沥青混凝土起裂点的能量分析

上一节探讨了弹性应变能、塑性耗能和表面能在沥青混合料断裂过程中的发展规律，但这 3 个参数仍然是以峰值点来进行划分的。实际上，同水泥混凝土类似，沥青混凝土的断裂也存在裂缝起裂—扩展—失效的过程。准确监测沥青混凝土的起裂点对于理解沥青混凝土的断裂行为具有重要的作用。

5.3.1 基于起裂点的沥青混凝土断裂能量分析方法

图 5-15 为 SCB 试验的示意图。当 $S_1 = S_2$ 时，断裂为 Ⅰ 型断裂，当 $S_1 \neq S_2$ 时，断裂为 Ⅰ - Ⅱ 型复合断裂或者 Ⅱ 型断裂。切缝两边分别粘贴了 1 和 2 两个位移计，位移计也可以用应变计替代。

图 5-16 为带切口的半圆完全试件的荷载-位移示意图，其中位移为加载头的位移。沥青混凝土的断裂荷载-位移示意图一般包括开裂前的线性增长阶段(OA)和塑性增长阶段(AB)以及从起裂点到峰值荷载点的阶段(BF)。B 点代表了裂缝的起裂点，F 为峰值荷载点。需要说明的是 B 点可能出现在 F 点之前，也可能和 F 点重合，也可能出现在 F 点之后。从 B 点按照 OA 的斜率作直线，相交于横轴的 C 点；从 B 点和 F 点分别作垂直于横轴的直线，相交于 D 点和 E 点。

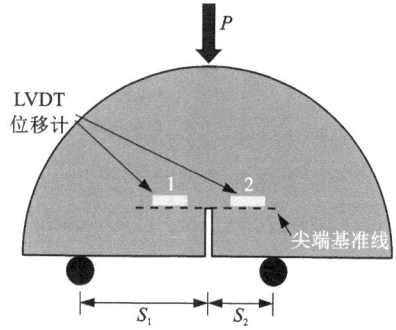

图 5-15　SCB 试件加载示意图

在图 5-16 中，$OABC$ 的面积代表了沥青混凝土开裂前的塑性耗散能，BCD 的面积代表了沥青混凝土开裂前的线弹性耗散能，$BFGD$ 的面积代表了裂缝开展过程中的耗散能。采用开裂前的塑性能量释放率(G_1)、开裂前的线弹性能量释放率(G_2)以及裂缝开展过程中的能量释放率(G_3)来表征沥青混凝土的断裂性能。

$$G_1 = \frac{S_{OABC}}{wt} \tag{5-10}$$

$$G_2 = \frac{S_{BCD}}{wt} \tag{5-11}$$

$$G_3 = \frac{S_{BFGD}}{wt} \tag{5-12}$$

式中：w 为未开裂的裂缝带的长度，等于试件半径与裂缝的差值；t 为试件的厚度。

图 5-16 的荷载-位移曲线可以通过试验获得相关的数据，但为了计算出 G_1、G_2 和 G_3，还需要确定裂缝起裂点对应的荷载，也就是图 5-16 中 B 点的位置。为了确定 B 点的位置，需要根据两个位移计的数据来确定。在加载过程中，在荷载作用下，位移计 1 和 2 承受拉应力，并且随着荷载的增大，承受的拉应力逐渐增大，位移计的读数也越大；由于位移计 1 和 2 恰处于裂缝尖端，当试件起裂时，位移计 1 和 2 所承受的拉应力迅速释放，位移计 1 和 2 的读数不会再增加，甚至可能迅速下降。图 5-17 为应变计应变的变化图，随着加载的进行 ε 逐渐增大，在达到最大值 ε^* 后迅速下降，对应的加载点的位移为 δ^*，在图 5-16 上对应 δ^* 的位置即为 D 点，起裂点的位置即为 B 点。

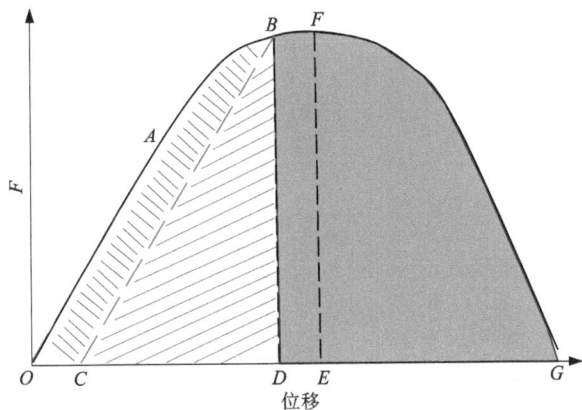

图 5-16　带切口的半圆弯曲试件荷载-位移示意图

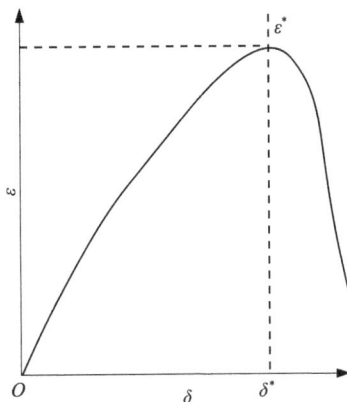

图 5-17　加载点位移与应变计应变数据图

5.3.2　基于拉伸试验的起裂点监测和断裂性能评价

图 5-18 为单轴拉伸断裂试验加载装置。试件厚度为 50 mm，切缝长度为 20 mm，宽度为 2 mm。试件通过双组分环氧树脂粘贴在底板支座上，在裂缝的一侧布置一个位移计，该位移计长度为 50 mm，位移计的量程为 -0.5 mm 到 0.5 mm。上侧底板可以在竖直方向移动，在水平方向上两个底板都被固定。

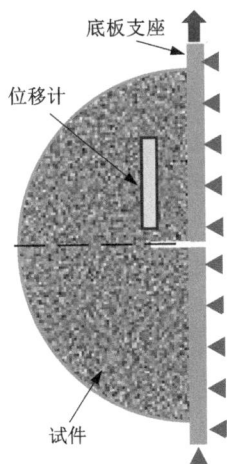

图 5-18　单轴拉伸断裂试验加载装置

配制一种沥青混合料 AC-13，其中 SBS 改性沥青的含量为 5.0%。集料采用石灰岩或玄武岩，级配如图 5-19 所示。将松散沥青混合料通过旋转压实仪制备成高度为 150 mm、直径为 150 mm 的圆柱体试件，用切割机切成图 5-18 要求的尺寸。

试验开始前对试件进行保温，保温温度分别为 -10℃、0℃、25℃，保温时间为 4 h，保温结束后开始对试件进行拉伸试验。加载速率设为 1 kN/min。加载过程中，UTM 可以自动存

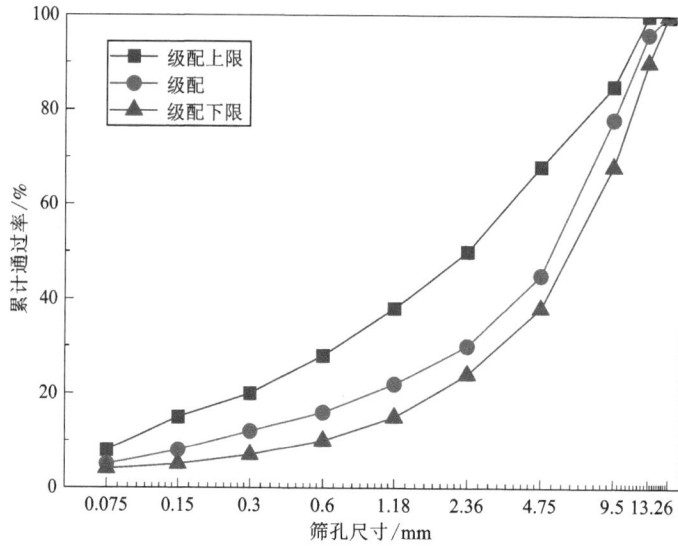

图 5-19　沥青混合料设计级配

储力和变形的信息。

　　通过上述试验获得的不同工况下载荷-变形曲线如图 5-20 所示。可以看出在-10℃和 0℃，荷载随变形的增大迅速升高，荷载-变形曲线呈线性增长趋势。荷载达到峰值后，迅速下降，并且下降段基本没有新增变形，说明在-10℃和0℃时沥青混合料的拉伸断裂属于典型的脆性断裂。当温度升高到25℃时，虽然下降段仍呈现脆性特征，但上升段曲线具有明显的非线性特征，说明此时的断裂具有明显的弹塑性特征。另外，图 5-20 中分别标注了试件的起裂点和峰值点，其中-10℃时起裂点和峰值点几乎重合。

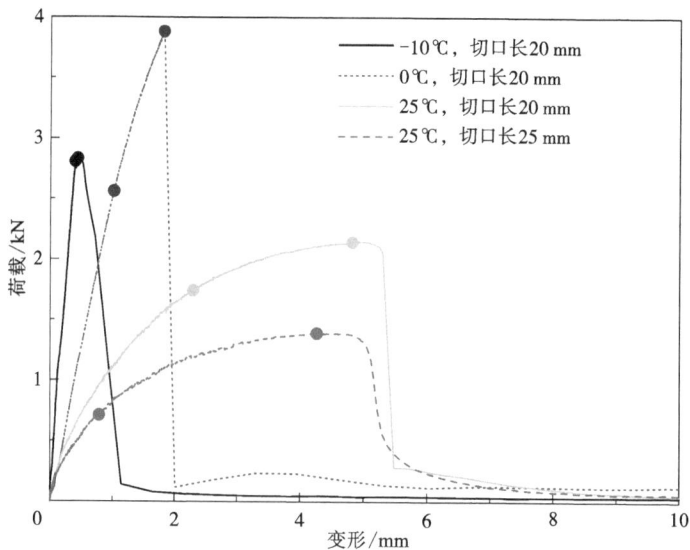

图 5-20　4 种工况 SCB 试验的荷载-变形曲线

　　根据以上介绍的方法对弹性应变能、塑性应变能和表面能进行计算。图 5-21 为 4 种工况下弹性应变能、塑性应变能和表面能以及各自所占比例的柱状图。可以看出,虽然 3 种能量所占的比例各不相同,但是表面能所占的比例是最高的,说明不管在什么温度下大部分能量用于裂缝的开展。但是从图 5-20 可以看出,由于峰值后的变形很小,峰值后的能量占比也非常小,说明按照峰值点进行断裂分析,表面能的数据将显著低于图 5-20 中的数据。对于前 3 种工况,即裂缝深度为 20 mm 时,随着温度的升高,塑性应变能的值逐渐增大,弹性应变能的值先增大后减小,这说明随着温度的升高沥青混凝土断裂过程中的塑性比重逐渐增大,但弹性应变能并不随温度的升高而单调降低。在 25℃时,当裂缝深度从 20 mm 增加到25 mm 时,弹性应变能、塑性应变能和表面能均有所降低,但表面能占总能量的比例显著提高。

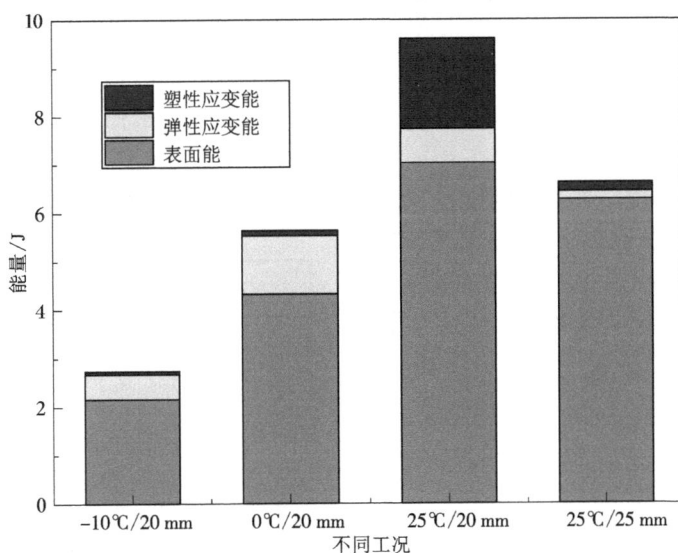

图 5-21　4 种工况下的弹性应变能、塑性应变能和表面能

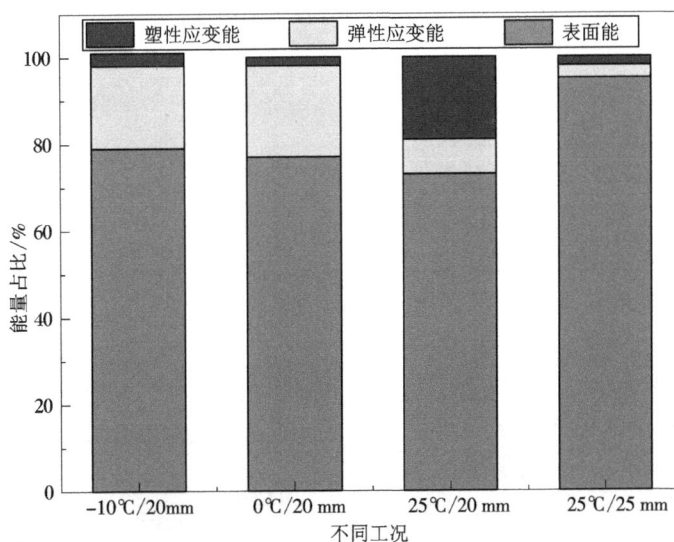

图 5-22　4 种工况下弹性应变能、塑性应变能和表面能的占比

5.4 基于能量法的沥青混凝土Ⅱ型断裂分析

在实际的路面裂缝类型中，除了Ⅰ型断裂(张开型裂缝)外，Ⅱ型断裂(剪切型裂缝)也是主要的路面裂缝病害之一。目前针对沥青混合料断裂性能的研究大多集中在Ⅰ型断裂和复合型断裂，专门针对Ⅱ型断裂的测试方法比较少。传统的Ⅱ型断裂测试方法主要有两种：一是通过偏心加载的方式来实现沥青混合料的Ⅱ型断裂；二是在试验的过程中通过对变形控制来实现Ⅱ型断裂。这些方法会导致在裂缝的尖端位置产生比较大的拉应力分量，从而不能对Ⅱ型断裂进行有效分析。

5.4.1 沥青混凝土Ⅱ型断裂测试方法

在借鉴水泥混凝土Ⅱ型断裂的加载方式[115, 116]并结合沥青混凝土自身性质的基础上，提出了针对沥青混凝土Ⅱ型断裂的试件形式和加载方式，并提出了相应的Ⅱ型断裂性能评价指标计算方法。

(1)双边切缝半边对称加载试验

如图5-23所示，双边切缝半边加载试验试件的尺寸长×高×宽=$2w×2h×t$，断裂韧带长度为$2a$。在双边切缝半边对称加载试验中，在试件的底部和顶部放置一块钢垫块，钢垫块大小微大于试件尺寸的一半($w×2h×t$)，目的是消除加载端部产生的应力分布不均匀的现象。在钢垫块下面放置一块聚四氟乙烯(PTFE)层，其目的是减少摩擦，保证试件均匀受力。对试件上部钢垫块施加均匀荷载，

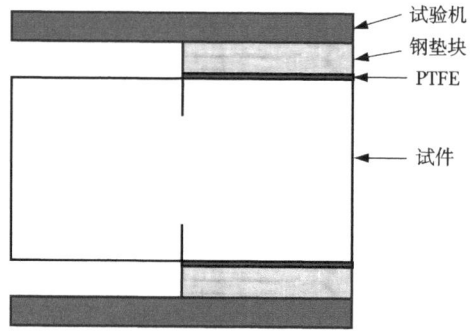

图5-23 单边对称加载试验图示

具体施加荷载的方法有位移控制加载法和控制裂缝开展速度加载法等。在荷载作用下，试件先发生剪切破坏，后压应力破坏跟剪应力破坏同时进行，继续加载直至试件破坏，同时记录荷载-位移曲线。

(2)单轴抗压强度试验

沥青混凝土在进行双边切缝半边对称加载试验时，随着荷载位移的增加，试件的破坏机理变得较复杂。在荷载作用下双边切缝半边对称试件的破坏包含了试件的剪应力和压应力破坏。为了真实地获取试件加载过程中剪应力随变形的变化规律，需要首先将压应力的影响剔除，因此设计了单轴抗压强度试验，如图5-24所示。单轴抗压强度试验试件的尺寸长×高×宽=$2w×2h×t$，为无缺口单边加载试验试件尺寸的一半，按照同样的加载方式对试件上部钢垫块施加均匀荷载，直至试

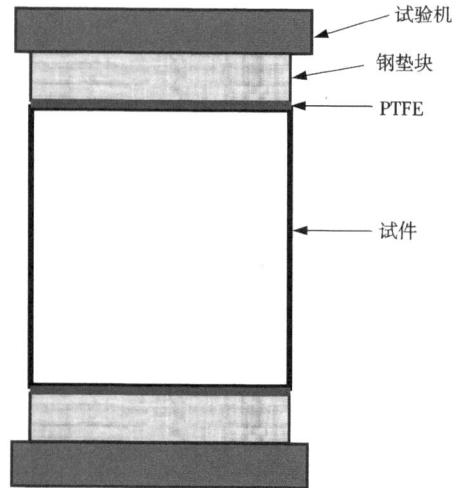

图5-24 单轴抗压强度试验图

件破坏,同时记录荷载-位移曲线。

与半圆弯曲试验试件制备方式相似,该试验方法试件制备简单,可通过振动压实、车辙板成型和现场取芯等方式制备。可以通过改进双边切缝半边对称加载试验,消除抗压强度破坏对试件开裂的影响,来评价沥青混合料Ⅱ型开裂。对荷载位移曲线进行分析可得到所需的Ⅱ型开裂断裂性能评价指标,可用来对沥青混合料的Ⅱ型断裂性能进行评价分析。

5.4.2 Ⅱ型断裂性能评价指标

鉴于剪切开裂问题的复杂性,人们对裂缝尖端的剪应力的分布形式以及剪应力分量和试件的抗剪切性能并不十分了解,且没有建立一个行之有效的物理模型来对结构的剪切抗力进行预测。因此运用断裂力学理论对沥青混凝土Ⅱ型断裂性能进行研究是非常有必要,有助于人们了解沥青混凝土剪切裂缝的开展规律,并计算出剪切裂缝的断裂力学评价指标。

(1)Ⅱ型断裂应力强度因子

双边切缝半边对称加载试验[11]广泛地应用于水泥混凝土Ⅱ型断裂韧度的确定,在这种加载形式下水泥混凝土能够实现纯Ⅱ型断裂,但对于沥青混凝土则需引入单轴抗压强度试验来消除受压破坏产生的影响。

Tada[117]等人给出了双边切缝半边对称加载的无限板的Ⅱ型应力强度因子计算公式。在图5-25中,$2a$为断裂韧带长度,为一有限值,预留缝的长度为无限长,板在x轴和y轴方向的长度为无限长,这种情况下的应力强度因子计算公式为:

$$K_{\text{I}} = 0 \qquad\qquad\qquad (5-13)$$

$$K_{\text{II}} = \frac{\sigma}{4}\sqrt{\pi a} \qquad\qquad\qquad (5-14)$$

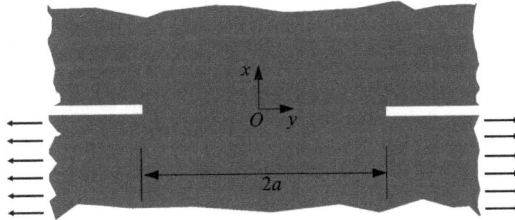

图5-25 双边切缝半边受拉的无限板

徐世烺等[3]人给出了双边切缝半边对称加载试验的Ⅱ型断裂韧度计算公式,根据Rice提出的J积分方法,对双边切缝半边对称受拉的有限宽窄条形式下的Ⅱ型断裂韧度进行了计算。

如图5-26所示,板式试件在y轴方向的长度为一有限值w,基于J积分能量释放率的计算方法,可以较好地对板条模型平面内加载工况的应力强度因子进行计算,并可以推导出无限长条形结构的应力强度因子(K_{II})计算公式。由J积分可得到Ⅱ型断裂应力强度因子(K_{II})。

该加载模式呈对称性,故可以假设在对称面上的应力是沿着对称轴呈线性分布的,单位板厚度的J积分公式[118]为:

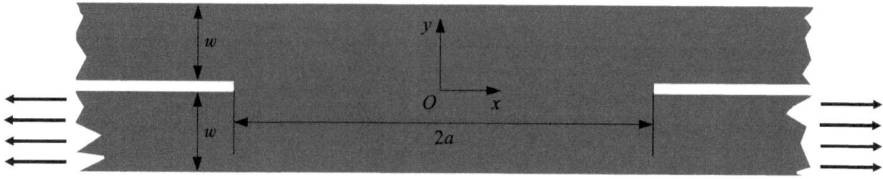

图 5-26 双边切缝半边对称受拉的有限宽窄条

$$J = \int_\Gamma \tau_{xy} \mathrm{d}u + \sigma_y d_v - W\mathrm{d}y \tag{5-15}$$

式中：$W = \dfrac{1}{2E}[\sigma_x^2 + \sigma_y^2 - 2v\sigma_x\sigma_y + 2(1+v)\tau_{xy}^2]$；$v$ 为泊松比；Γ 为积分线路。具体可见图 5-27。

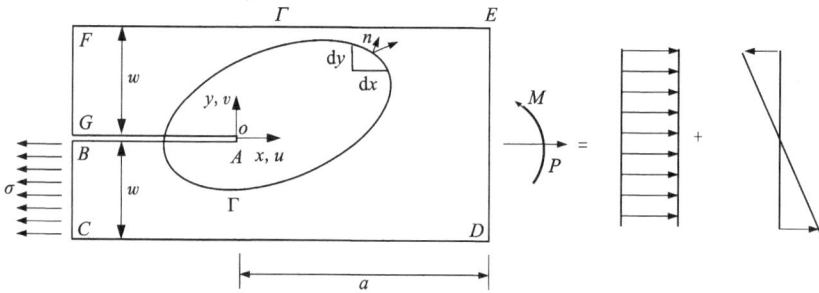

图 5-27 J 积分分析

根据 J 积分与应力强度因子二者的转换关系，可知：

$$J \cdot E = K_{\mathrm{I}}^2 + K_{\mathrm{II}}^2 \tag{5-16}$$

因为是纯 II 型剪切断裂，所以 $K_{\mathrm{I}} = 0$，可知

$$J \cdot E = K_{\mathrm{II}}^2 \tag{5-17}$$

因为 J 积分的大小与积分路径无关，所以可以将路径设置为与条形模型的外边界相同，这样就可以在不求解应力场问题的情况下求得应力强度因子 K_{II} 的解，选择积分方向为 ABCDEFGA，可知

$$J = \int_{AB} + \int_{BC} + \int_{CD} + \int_{DE} + \int_{EF} + \int_{FG} + \int_{GA} + \cdots \tag{5-18}$$

根据条形模型的边界条件，裂缝面 GA 和 AB 以及两条边 EF 和 CD 与裂缝平行，可知 $\sigma_y = 0$，$\tau_{xy} = 0$，$d_y = 0$，因此有

$$\int_{AB}\cdots = \int_{CD}\cdots = \int_{EF}\cdots = \int_{GA}\cdots \tag{5-19}$$

在 FG 区段的应力状态 $\sigma_y = 0$，$\tau_{xy} = 0$，$\sigma_x = 0$，可知

$$\int_{FG}\cdots = 0 \tag{5-20}$$

这样，式 (5-18) 可以写为

$$J = -\left(\int_{BC} W\mathrm{d}y + \int_{DE} W\mathrm{d}y\right) \tag{5-21}$$

$$W = \frac{\sigma_x}{2E} \tag{5-22}$$

由图 5-27 可知,在 BC 边有 $\sigma_x = -\sigma$,在 DE 边,$\sigma_x = \frac{\sigma}{2} + \frac{3\sigma}{4w}y$,代入式(5-21)和式(5-22),整理得

$$J = \left[\int_0^{-w} \frac{\sigma^2}{2E} \mathrm{d}y + \int_{-w}^{w} \frac{\left(\frac{\sigma}{2} + \frac{3\sigma}{4w}y \right)^2}{2E} \mathrm{d}y \right] = \frac{\sigma^2 w}{16E} \tag{5-23}$$

将式(5-23)代入到式(5-17)就可以得到该模式下对应的 II 型断裂应力强度因子 K_{II}:

$$K_{II} = \frac{\sigma}{4}\sqrt{w} \tag{5-24}$$

综合上述两种情况,II 型断裂应力强度因子 K_{II} 计算方法主要有以下两种。

①当 $h \geq 2a$ 且 $w \geq \pi a$ 时,图 5-28 所示试件可以视为无限大板,可以应用式(5-14)计算应力强度因子。

②当 $h \geq 2a$ 且 $w \leq \pi a$ 时,该试件可以视为无限长条带,可以应用式(5-24)计算应力强度因子。

综上:

$$\begin{cases} K_{IIC} = \dfrac{\sigma_c}{4}\sqrt{w} & (h \geq 2a,\ w \leq \pi a) \\[3mm] K_{IIC} = \dfrac{\sigma_c}{4}\sqrt{\pi a} & (h \geq 2a,\ w \geq \pi a) \end{cases} \tag{5-25}$$

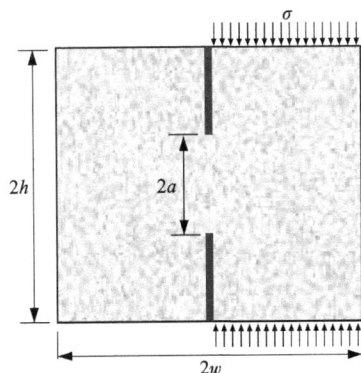

图 5-28　双边切缝半边对称加载试件尺寸

本章提出的沥青混合料 II 型断裂应力强度因子的计算方法与之相同,但是 σ_c 计算方式略有不同,如图 5-29 所示,分别给出了两种试验对应的荷载-位移曲线。

双边切缝半边对称加载试验到达峰值前外力所做功为 U_1,是剪切破坏耗能与抗压破坏耗能之和;抗压强度试验到达峰值前外力所做功 U_2,是抗压破坏耗能。两者外力功差值 ΔU 为剪切破坏耗能:

$$\Delta U = U_1 - U_2 \tag{5-26}$$

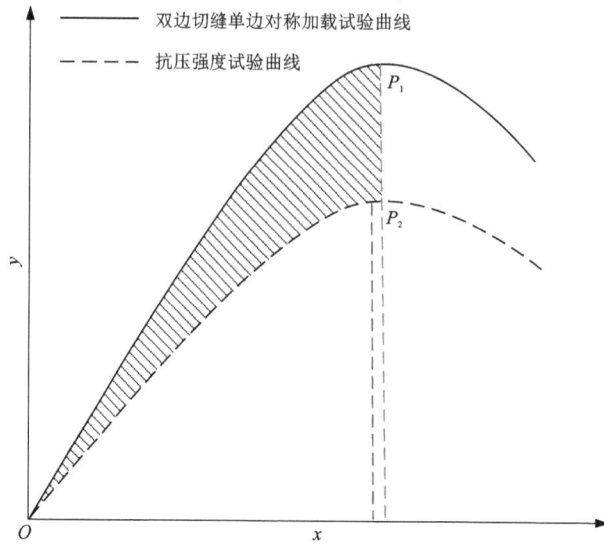

图 5-29 荷载-位移曲线

双边切缝单边对称加载试验初期为剪切应力做功，属于线弹性范围，见图 5-30 OB 段。可以通过拟合等方法求得该段斜率 k。根据等效能量法，在双边切缝单边对称加载试验中 II 型断裂耗能为 ΔU，现在从原点按照直线段 OB 的斜率延伸到 C^*，使得直线段 OC^* 下面积为 ΔU，从而得到等效剪切峰值荷载 P_{C^*}。

$$\frac{P_{C^*}}{x_{C^*}} = \frac{P_B}{x_B} \tag{5-27}$$

$$\sigma_c = \frac{P_{C^*}}{wt} \tag{5-28}$$

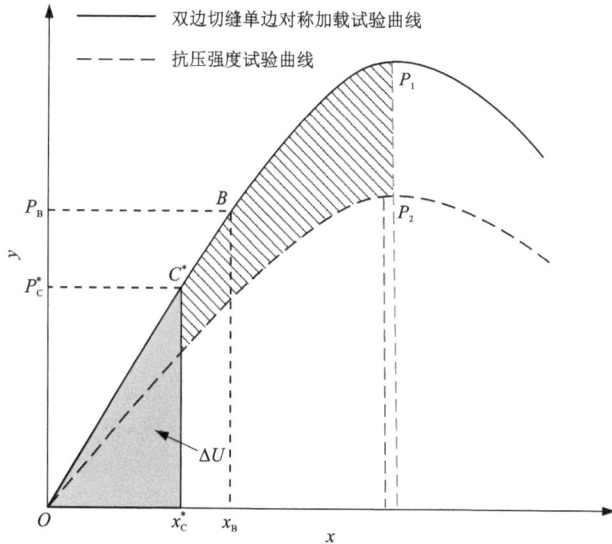

图 5-30 等效剪切荷载峰值计算图示

式中：P_{C*} 为双边切缝半边对称加载试验荷载峰值；w 和 t 为试件半宽值和厚度。

（2）Ⅱ型断裂能

在封闭系统里，双边切缝半边对称加载试件破坏时外力做的总功包含了个部分：分别为加载端的压应变能、加载端塑性变形和局部破坏需要的能量以及剪切裂缝沿着断裂韧带形成与扩展所消耗的能量；抗压强度试件破坏时外力做的总功分为两个部分，分别为加载端的压应变能、加载端塑性变形和局部破坏需要的能量。故将两种试验的荷载-位移曲线对应的应变能作差就可以得出剪切裂缝沿着断裂韧带形成与扩展所消耗的能量。

结合图 5-29 可知双边切缝半边对称试验荷载-位移曲线 y 值要大于抗压强度试验荷载-位移曲线 y 值。两类试件具有相同的厚度 b，且带切缝的试件的切缝长度为 c，半韧带宽度为 a，根据 Hillerborg 断裂能[119]的定义，可得：

$$G_{\mathrm{IIF}} = \frac{\Delta W}{2ab} = \frac{W_1 - W_2}{2ab} \tag{5-29}$$

$$G_{\mathrm{IIF}} = \frac{\Delta W}{2ab} = \int_0^{\delta_{P1}} F_1(\delta)\,\mathrm{d}\delta - \int_0^{\delta_{P2}} F_2(\delta)\,\mathrm{d}\delta \tag{5-30}$$

式中：G_{IIF} 为断裂能；$F(\delta)$ 为荷载；ΔW 为两条曲线所消耗的外力功的差值；δ 为位移；δ_{P1} 和 δ_{P2} 为单边缺口对称试验和抗压强度试验的荷载-位移曲线上对应于峰值荷载的位移。

5.4.3　具体算例

试验所需的材料与 5.1.2 节相同。共制作 6 种沥青混合料，其中 RAP 掺量分别为 0、25%、50%、75% 和 100%，另外还制作了 75%RAP 与再生剂组合的沥青混合料。再生剂的掺量为再生沥青的 1.3%。

（1）试件制备

双边切缝半边对称加载试验试件与抗压强度试验试件都是先通过车辙成型仪成型，后使用切割机切割而成。在再生料拌和过程中需要严格控制旧料的温度，防止在拌和过程加速回收料的老化，在拌和前将 RAP 预加热 3 h，预热温度为 120℃，这样做既能保证充分预热 RAP 料，又能避免因为过度加热造成二次老化。

成型后的车辙板尺寸为长×高×宽＝300 mm×300 mm×50 mm，然后再切割为长×高×宽＝130 mm×80 mm×40 mm 的双边切缝半边对称加载试件和长×高×宽＝65 mm×80 mm×40 mm 的抗压强度试件。

（2）试验过程

试验前要对试件的表面加以打磨处理，以保证试件的两个受加载面光滑且互相平行。在试件两加载面处放置两块表面光滑且厚度为 15 mm 的钢板，大小略大于试件长×厚。为了消除钢板与试件之间的摩阻力，在两者之间放置一层薄的 PTFE 层，同时在进行双边切缝半边对称加载试验时要进行对中，避免出现偏压破坏的现象，保证一侧加载均匀。为了保证加载的均匀性，可在试件上部钢板和加载压头接触位置处先放置一块圆形加载板。通过半圆弯曲试验知，沥青混合料在温度越低时，脆性特征更加明显，试件强度较高。对于高强度的试件，其半宽值 w 可以减小为低强度试件的一半。故在试验前将所有试件在试验前放入 UTM 环境箱中进行保温，温度设为 $-10℃$，保温时间为 3 h。

①双边切缝半边对称加载试验。

为了保证试验过程的一致性，两种试件的加载方式均选择位移控制方式，在试件加载前，需要进行预加载，预加载时间为 30 s，以保证试件受力均匀，加载头、钢块和试件三者充分接触。预加载结束后进行正式加载，加载速度设为 5 mm/min，同时观察试件破坏状态，见图 5-31。每组试件为 4 个。

②单轴抗压强度试验。

单轴抗压强度试验参考了水泥混凝土立方体抗压强度试验和沥青混凝土单轴压缩试验，为了与双边切缝半边对称加载试验相对应，选择相同的加载速度，均为 5 mm/min，同时记录荷载-位移曲线，见图 5-31。

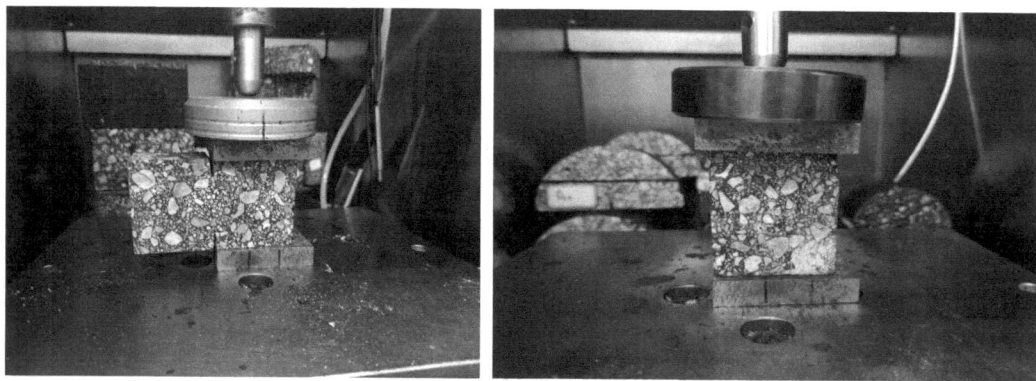

图 5-31　实际试验加载图

5.4.4　沥青混合料 II 型断裂结果分析

（1）荷载-位移曲线分析

从所有试验曲线中，选取部分典型的荷载-位移曲线，见图 5-32。由图 5-32 可知，双边切缝半边对称加载试验的荷载峰值要大于单轴抗压强度试验，且随着掺加的 RAP 增多，两种试验的峰值荷载逐渐降低，两种试验荷载峰值对应的位移也逐渐减少。

（2）II 型断裂性能评价

①应力强度因子（K_{IIC}）。

根据式（5-24）、式（5-28）计算 II 型断裂试验的应力强度因子（K_{IIC}），结果见图 5-33。其中"75R"代表 RAP 掺量为 75% 的热再生沥青混合料。可以看出，虽然数据具有一定的离散性，但整体上随着 RAP 掺量从 0% 增加到 100%，K_{IIC} 逐渐降低。与未掺加 RAP 的沥青混合料相比，RAP 掺量为 100% 的沥青混合料的 K_{IIC} 值下降了 74.7%。这是因为该试验是在保证沥青含量一致的情况下进行，未掺加 RAP 的沥青混合料中只包含新沥青，而 RAP 掺量为 100% 的热再生沥青混合料中新沥青含量仅为 14.5%，含有大量的老化沥青。这说明随着掺加的 RAP 增多，热再生沥青混合料的抗剪切性能减小，更容易发生 II 型开裂。对比"75R"和 RAP 掺量同样为 75% 且未掺加再生剂的热再生沥青混合料，再生剂的掺加使得其 II 型断裂应力强度因子（K_{IIC}）增加了 23.1%，这说明再生剂能够显著提升热再生沥青混合料的 II 型断裂性能。

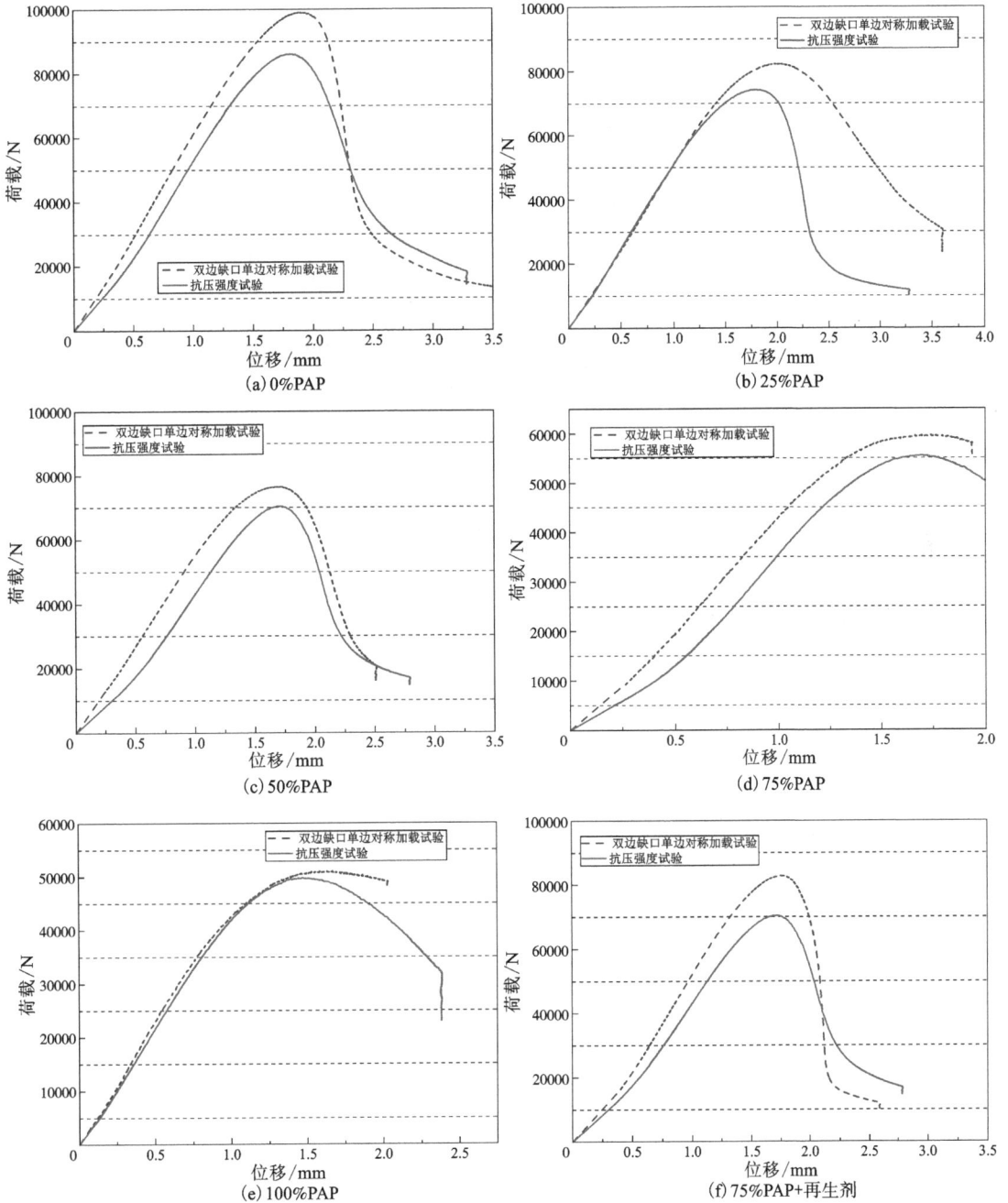

图 5-32 荷载-位移图

②断裂能(G_{IIF})。

根据式(5-29)和式(5-30)计算Ⅱ型断裂试验的断裂能,其低温断裂能(G_{IIF})结果见图 5-34。从图 5-34 可以看出其整体变化趋势,与低温时Ⅰ型断裂的断裂能变化趋势相同,随着掺加的 RAP 增多,断裂能显著下降。100%RAP 沥青混合料的断裂能相对于未掺加 RAP

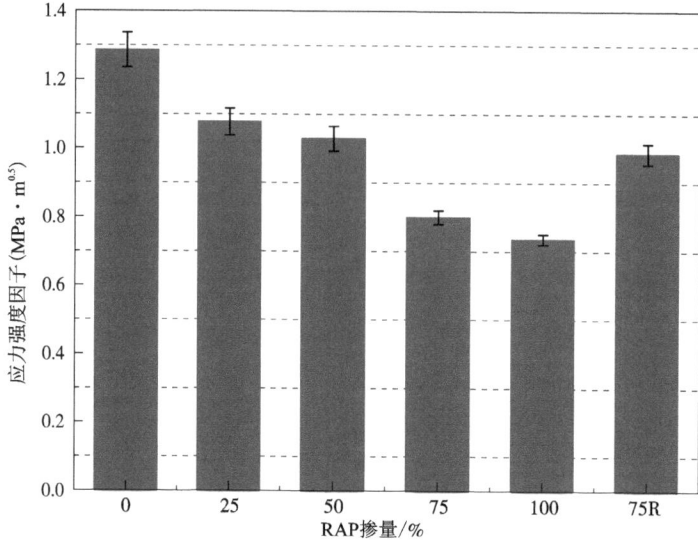

图 5-33　Ⅱ型断裂应力强度因子

的混合料断裂能下降了 55.7%。此外，与Ⅰ型断裂能变化相似，加入再生剂提高了沥青混合料的Ⅱ型断裂能，在-10℃时，掺加再生剂的 75% 掺量的沥青混合料的断裂能比未掺加再生剂时断裂能提高了 39.8%。

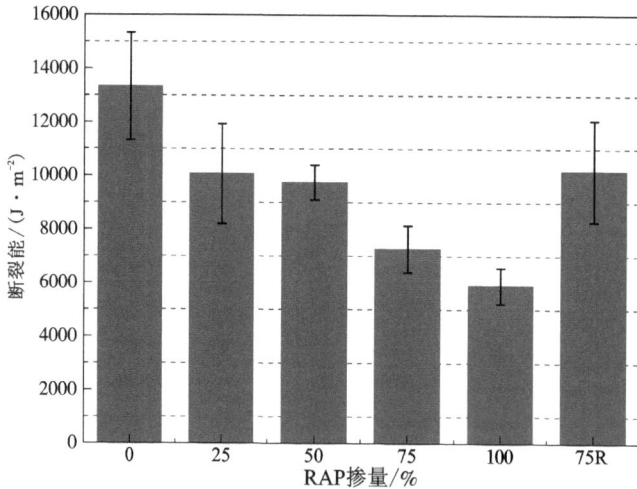

图 5-34　Ⅱ型断裂能

5.4.5　Ⅱ型断裂试验可行性分析与讨论

为验证本章提出的Ⅱ型断裂试验方法的准确性，采用非对称半圆弯曲试验（ASCB）进行对比验证。

（1）非对称半圆弯曲试验（ASCB）对比试验

本节对 SCB 试件进行了Ⅱ型断裂性能试验，研究了不同 RAP 掺量（0%、25%、50%）的再生沥青混凝土的Ⅱ型断裂性能的变化规律。并计算了该Ⅱ型断裂试验的应力强度因子和断裂能。

①试件尺寸。

通过改变半圆弯曲试件的支撑位置与切缝之间的距离以及切缝深度，可以实现纯Ⅱ型断裂[120]。非对称半圆弯曲试验的试件半径为 75 mm，厚度为 30 mm，裂缝位置到两个支撑点的距离分别为 50 mm（S_1）和 9 mm（S_2）。

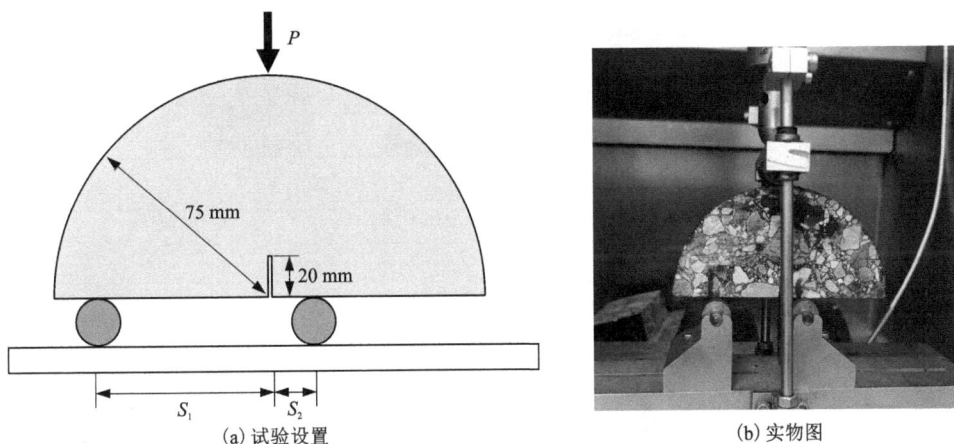

（a）试验设置　　　　　　　　　　　（b）实物图

图 5-35　非对称半圆弯曲试验尺寸示意图

②等效应力强度因子与断裂能。

对于非对称半圆弯曲试验，试件的Ⅱ型应力强度因子（$K_{ⅡC}$）和Ⅱ型断裂能（$G_{ⅡF}$）与Ⅰ型断裂相似，区别在于形状因子的选取。Ameri 等人通过有限元方法计算得出Ⅱ型断裂形状因子 $Y_Ⅱ$ 取值为 1.772 [120, 121]。

$$K_{ⅡC} = \frac{P}{2Rt}\sqrt{\pi a}\, Y_Ⅱ \tag{5-31}$$

$$G_{ⅡF} = \frac{W_f}{A_{lig}} \tag{5-32}$$

（2）试验结果与分析

为了与本章提出的Ⅱ型断裂测试方法进行对比，采用 UTM 试验机进行试验时，试验温度设为-10℃。其他试验条件与第四章半圆弯曲试验相同。在进行非对称半圆弯曲试验时，随着荷载的增加，断裂从切缝尖端开始产生，直至扩

使用式（5-31）、（5-32）计算-10℃下试样的Ⅱ型应力强度因子（$K_{ⅡC}$）和Ⅱ型断裂能（$G_{ⅡF}$）。由图 5-36（a）可知，当掺加的 RAP 越多，$K_{ⅡC}$ 越低，这与本章提出的Ⅱ型断裂强度因子变化趋势基本一致。在-10℃时，50%RAP 掺量的沥青混合料与未掺加 RAP 的沥青混合料相比，其 $K_{ⅡC}$ 减少 17.3%。由图 5-36（b）可知，随着掺加的 RAP 量的增多，其断裂能逐渐降低，其变化趋势与本章提出的测试方法相同。相对于未掺加回收料的沥青混合料，50%

RAP 掺量的混合料其 II 型断裂能(G_{IIF})下降了 57.6%。

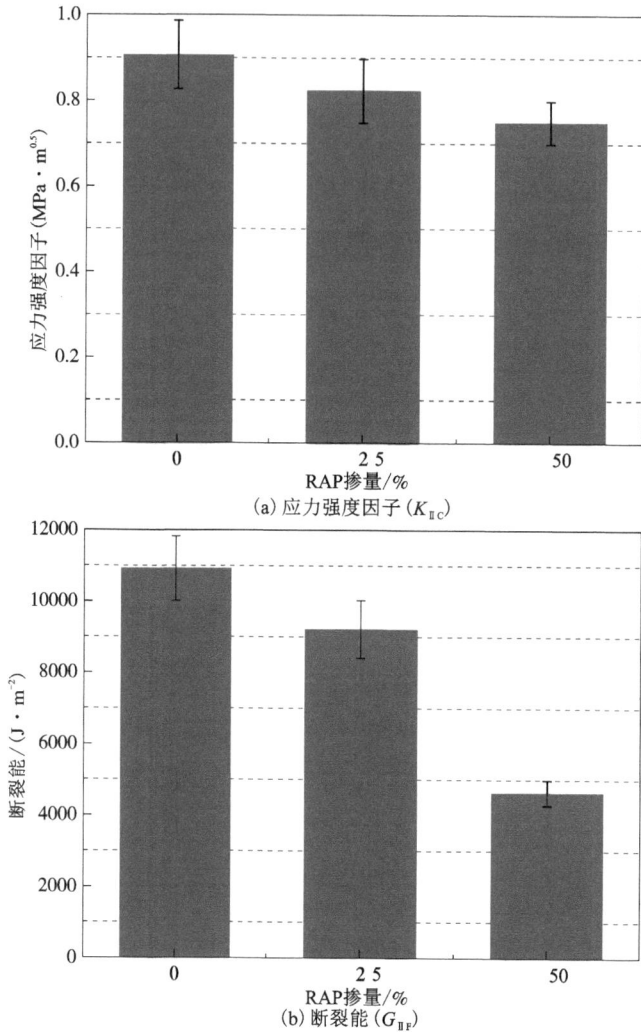

(a) 应力强度因子(K_{IIC})

(b) 断裂能(G_{IIF})

图 5-36　ASCB 试验结果

（3）抗压强度与断裂性能的关系

对于水泥混凝土而言，已经证明 II 型断裂应力强度因子随着抗压强度的增大而增大[122, 123]。Kuma 和 Gunneswara[123]发现断裂能和抗压强度之间存在一种指数关系，较高的抗压强度会带来较大的断裂能。图 5-37 中横坐标表示抗压强度，是通过立方体试件的抗压试验获得的，应力强度因子和断裂能是通过双边切口对称加载试验获得的。从图 5-37 可以看出，随着抗压强度的提高，沥青混凝土 II 型断裂的应力强度因子和断裂能均有显著的提高。对图 5-37 中的数据进行线性数据拟合，可以发现抗压强度与断裂参数之间具有很好的线性关系。

（4）可行性分析

将本章提出的 II 型断裂测试方法与 ASCB 试验结果进行对比验证，发现在低温时，两者

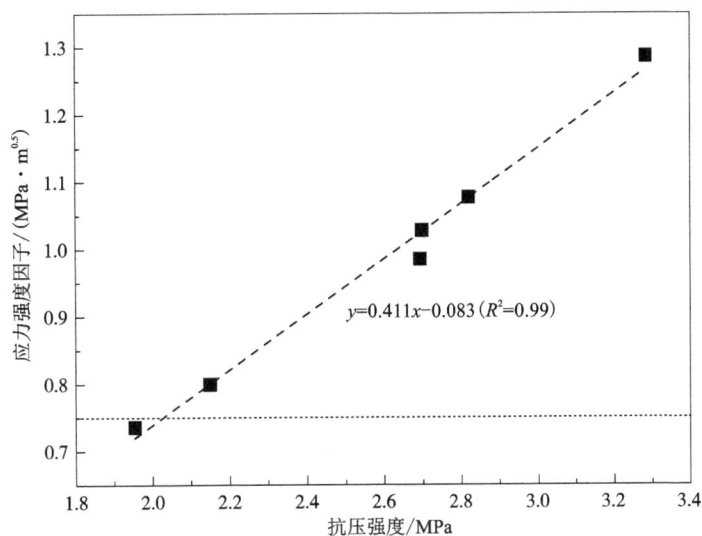

(a) 抗压强度与应力强度因子的关系曲线

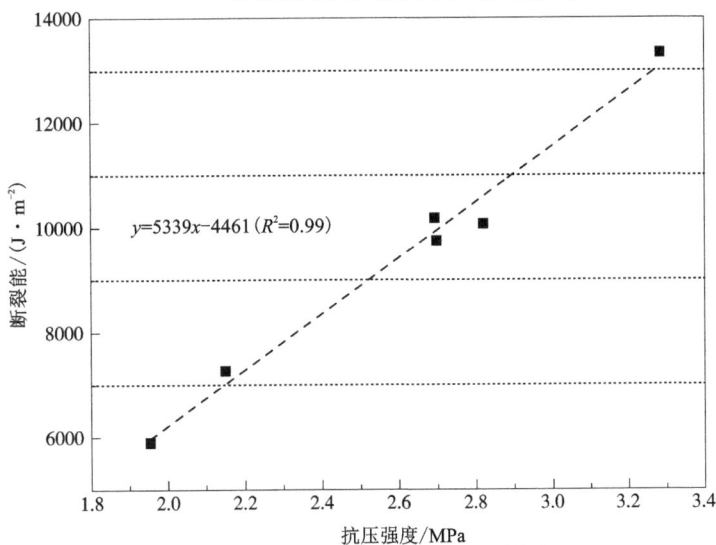

(b) 抗压强度与断裂能的关系曲线

图 5-37 抗压强度与 Ⅱ 型断裂参数的关系

的变化趋势一致，均随着掺加的 RAP 增多，其 Ⅱ 型应力强度因子(K_{IIC})和 Ⅱ 型断裂能(G_{IIF})逐渐降低，这说明 RAP 的掺加降低了其抗 Ⅱ 型开裂的能力，同时也说明本章提出的沥青 Ⅱ 型断裂测试方法是可行的。

对于沥青混凝土材料，其刚度远低于水泥混凝土，且沥青混凝土本身具有不均性，存在着大量的微裂隙等先天缺陷。本书在进行双边切缝半边对称加载试验时，发现剪切破坏与抗压强度破坏先后发生，剪切裂缝未开始扩展就存在试件单侧受压破坏。故在水泥混凝土 Ⅱ 型断裂试验的基础上，提出了半宽试件的抗压强度破坏，通过合理的理论分析消除试件单侧受压破坏的影响，从而对沥青混凝土 Ⅱ 型断裂性能进行测试，并进行了对比试验验证了其可行性。

从图5-33、图5-34和图5-36可看出，采用双边对称加载和半圆弯拉加载得出的Ⅱ型断裂参数在数值上有一定的差别，这主要是以下原因造成的：①不管是双边对称加载还是半圆弯拉加载，计算时都是把沥青混凝土当作了一种线弹性材料，但即使是在-10℃，沥青仍然会表现出一定的塑性；②本章所采用的计算Ⅱ型断裂参数的公式都是基于均质材料而言的，而沥青混凝土是一种非均质材料，材料的形态和分布特征会影响测试的结果；③另外，在求解断裂参数时存在尺寸效应和边界效应，也就是说试件尺寸、预制裂缝的大小等都会影响应力强度因子和断裂能[124, 125]。

本章采用双边对称切口抗压试验研究Ⅱ型断裂的应力强度因子是基于低温(-10℃)条件下沥青混凝土的线弹性断裂理论进行的。随着温度逐渐升高，沥青混凝土会逐渐表现出明显的黏塑性，此时采用公式(5-25)不能给出较为准确的应力强度因子。但是，沥青混凝土从线弹性断裂到弹塑性断裂并没有一个明确的温度界限；在具体测试中需要通过试件的荷载-变形关系来判定哪一种断裂形式更合适。需要注意的是，不管是线弹性断裂还是弹塑性断裂，都可以采用公式(5-30)来计算沥青混凝土的Ⅱ型断裂能，也就是用公式(5-30)可以计算从低温到中温的断裂能。

本章的应力强度因子和断裂能是基于两种不同试件测试结果的差值计算出来的，所以如果图5-30中两条曲线非常接近或者双边对称加载的峰值荷载P_1非常小的话，那么计算出的应力强度因子和断裂能可能就不太准确。因此，在采用本书的方法进行测试时，试件的尺寸不能太小，同时双边对称加载试件的预制裂缝的尺寸不能太大，这样的话Ⅱ型剪切断裂的影响才能比较明显地通过图5-30中两条曲线显示出来。

本节提出了一种用于测量沥青混凝土Ⅱ型断裂性能的试验方法，并基于断裂力学理论给出了该试验方法所对应的Ⅱ型断裂评价指标。然后对该方法进行了试验验证，并研究了低温条件下(-10℃)RAP掺量对沥青混合料的Ⅱ型断裂性能的影响规律和再生剂的再生效益。主要结论如下。

①提出了一种适用于沥青混合料的Ⅱ型断裂性能测试方法，并基于断裂力学原理给出了相应的评价指标即应力强度因子($K_{ⅡC}$)和Ⅱ型断裂能($G_{ⅡF}$)的计算方法。

②探究了RAP掺量对沥青混合料Ⅱ型断裂性能的影响规律。与Ⅰ型断裂性能变化规律相同，添加RAP降低了应力强度因子($K_{ⅡC}$)和Ⅱ型断裂能($G_{ⅡF}$)。并且RAP掺量越大，断裂性能越差，说明RAP会降低Ⅱ型断裂性能。100%RAP沥青混合料相对于未掺加RAP的混合料其应力强度因子($K_{ⅡC}$)和Ⅱ型断裂能($G_{ⅡF}$)分别下降74.7%和55.7%。

③掺加再生剂的75% RAP掺量的沥青混合料的应力强度因子($K_{ⅡC}$)和Ⅱ型断裂能($G_{ⅡF}$)均优于未掺加再生剂的75% RAP掺量的沥青混合料，两项指标分别提高了208%和39.8%，说明再生剂显著提高了抗Ⅱ型断裂性能。

④进行非对称半圆弯曲试验(ASCB)对比试验，通过调整半圆弯曲试件切缝深度与支点位置实现纯Ⅱ型开裂，并对3种RAP掺量(0%、25%和50%)的沥青混合料进行试验，结果与本章提出的Ⅱ型断裂测试方法结果一致，验证了该方法的可行性。

6 沥青混凝土断裂模拟

6.1 基于随机集料法的沥青混合料细观模型建立

在细观上将沥青混凝土分为沥青砂浆相和粗集料相，沥青砂浆相由沥青和细集料组成。通过编程语言生成粗集料，根据随机算法在目标区域对粗集料进行投放，该方法耗时短，能自由操控集料形态。本章将介绍沥青混合料细观模型的建立过程和材料本构的确定方法，为后续有限元数值分析打下基础。

6.1.1 随机集料生成与投放

(1)椭圆形集料的生成

圆形集料的生成无须对形态进行定义，指定坐标位置用内置编程指令即可生成。椭圆形集料有长轴和短轴，不具有圆形集料固定半径，需通过 4 个随机参数来控制其形状和位置：形心坐标控制椭圆位置，长轴与 x 轴正向的夹角确定椭圆朝向，长轴的绝对值确定椭圆集料的大小，随机的长径比确定椭圆的形态。控制方程如式(6-1)所示。

$$\begin{cases} \alpha = \mathrm{random}(0,\ 2\pi) \\ \beta = \mathrm{random}(0,\ 2\pi) + \pi/2 \\ \mu = \mathrm{random}(m,\ n) \end{cases} \tag{6-1}$$

式中：α 为椭圆的长轴方位角；β 为椭圆短轴方位角，两轴之间的夹角为 90°；μ 为长轴与短轴的长度之比；m 和 n 分别为比率 μ 的上下限。基于随机数生成长轴方位角后，再由椭圆形心位置获取长轴与短轴的顶点坐标，从而确定整个椭圆集料的位置和形状。

(2)凸边形和凹多边形集料的生成

通过随机函数生成凸多边形外接圆的形心坐标，在外接圆基础上生成凸多边形，按极坐标法生成随机顶点，依次连接相邻顶点得到凸多边形集料。其中随机顶点的个数和位置控制凸多边形形状，如图 6-1 所示。

$$\begin{cases} n = \mathrm{random.int}(a,\ b) \\ \theta = \mathrm{random}[2\pi i/n,\ 2\pi(i+1)/n] \end{cases} \tag{6-2}$$

凹多边形的生成方法与凸多边形生成方法类似，通过对集料顶点到外接圆圆心的距离赋予随机数来生成顶点，再按顺时针方向依次连接顶点，构成凹多边形，如图 6-2 所示。

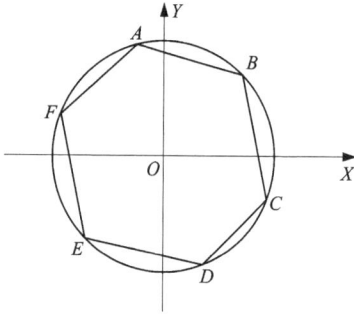

图 6-1 凸多边形集料生成示意图

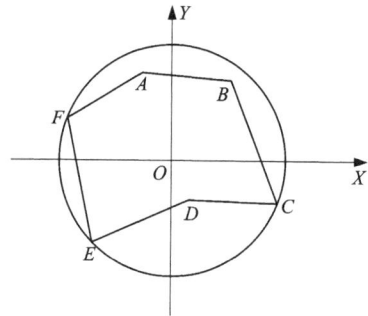

图 6-2 凹多边形集料生成示意图

$$\begin{cases} n = \text{random. int}(a, b) \\ r_c = r \cdot \text{random}(0.5, 1) \\ \theta = \text{random}[2\pi i/n, 2\pi(i+1)/n] \end{cases} \tag{6-3}$$

（3）集料级配的换算与投放

不同粒径的集料按照一定的比例，获得较大的密实度或内部摩阻力，不同比例对应不同级配曲线，级配在粒径的连续性上分为连续级配和间断级配。其中连续级配下的级配曲线平顺圆滑，粒径由大到小，逐级均有，相邻粒径粒料不存在缺失，按比例互相搭配组成矿质混合料。间断级配则会在一个或多个粒径下对集料进行剔除，级配具有不连续特征。

现有级配处于三维维度，为建立二维有限元级配，需借助瓦拉文级配转换公式，将三维体积级配曲线转化为二维平面面积级配曲线，具体公式为：

$$P(D < D_0) = P_k \left[1.065 \left(\frac{D_0}{D_{max}} \right)^{0.5} - 0.053 \left(\frac{D_0}{D_{max}} \right)^4 - 0.012 \left(\frac{D_0}{D_{max}} \right)^6 - 0.0045 \left(\frac{D_0}{D_{max}} \right)^8 - 0.0025 \left(\frac{D_0}{D_{max}} \right)^{10} \right]$$

$$\tag{6-4}$$

式中：P_k 为粗集料的体积占比；D_{max} 为该级配下集料的最大粒径；$P(D < D_0)$ 表示集料粒径在 D_0 以下的概率，在二维中用面积占比表示。

在生成各种形态的集料后，需对集料进行投放，整个生成与投放过程如下。

①确定半圆模型边界的坐标信息，构建粗集料投放区域。

②确定集料形态和粒径信息，输入各个粒径对应的换算颗粒数，按形态和粒径生成集料。

③批量生成某粒径下的集料后，进入该粒径投放循环，若集料正确落入投放区且与其他集料间不产生干涉，则投放成功；若不成功则重新投放。循环在该粒径颗粒数达预设值后结束，并接着进入下一粒径的投放循环，当所有粒径完成投放后，投放终止。

6.1.2 材料参数的确定

（1）Burgers 黏弹性模型

选取 Burgers 模型作为沥青砂浆相本构模型，Burgers 模型可表征沥青材料黏弹性特征。其蠕变方程能够较准确地反映沥青混合料的瞬时弹性应变、纯黏性应变以及黏弹性应变，其组成方式为一个 Maxwell 模型和一个 Kelvin 模型串联。Burgers 模型的广义本构方程式和蠕变方程见式(2-28)和式(2-31)。

为了得到用于表征沥青砂浆相黏弹性的 Burgers 模型关键参数,需通过沥青砂浆的蠕变试验得到蠕变曲线,获取材料应变随时间的变化关系,通过拟合得到对应参数。

沥青砂浆试件采用混合料同级配的细集料与沥青共同制备,经沥青搅拌锅搅拌和旋转压实仪压实成型。蠕变试验在低温 -10℃ 和中温 20℃ 两种温度条件下进行,低温蠕变试验前将试件于 -10℃ 下放置于 UTM 环境箱中保温 4 h,随后进行单轴蠕变试验,获得蠕变曲线。同理在中温 20℃ 的环境箱内对试件保温 4 h,并进行蠕变试验,获得中温蠕变曲线。

对蠕变曲线进行拟合,得到 Burgers 模型的 4 个基本参数,但这 4 个参数无法在有限元中直接使用,需将这 4 个参数转换为 Prony 级数。将模型的本构方程,经拉普拉斯变换得到式(6-5)和式(6-6)所示的级数表达式。

$$G(t) = G_0 \left[\alpha_\infty + \sum_{i=1}^{n} \alpha_i \exp\left(-\frac{t}{\tau_i}\right) \right] \tag{6-5}$$

$$G(t) = G_0 \left[\alpha_\infty + \alpha_1 \exp\left(-\frac{t}{\tau_1}\right) + \alpha_2 \exp\left(-\frac{t}{\tau_2}\right) \right] \tag{6-6}$$

式中:α_1、α_2、τ_1、τ_2 为 Burgers 模型的 Prony 级数转换形式,α_1、α_2 代表相对剪切模量,τ_1、τ_2 代表松弛时间。-10℃ 和 20℃ 下本构模型参数值如表 6-1 所示,该本构模型参数可直接导入有限元中进行计算。

表 6-1　-10℃和20℃下 Prony 级数

温度/℃	α_1	α_2	τ_1/s	τ_2/s
-10	0.746	0.253	1374.29	10.32
20	0.025	0.974	91.11	0.86

(2)内聚力损伤参数

有限元中常用内聚力模型来模拟材料损伤,通过该方法将损伤单元介入模型全局或指定区域。采用内聚力模型法模拟材料损伤时,还需赋予模型相应的损伤参数使其发生开裂破坏,以单元所受应力是否达到应力临界值作为单元损伤起始判别依据:应力达到临界值时,单元会被贯穿或单元间黏聚面发生分离,模型上出现裂缝。

材料开裂后,内聚力单元的损伤会按照断裂能法则或位移法则加以演化,单元损伤程度加深,直至完全破坏。本书以沥青砂浆的抗拉强度作为应力临界值,该临界值作为损伤起始判据,将断裂能法则赋予模型以加大其损伤程度,通过试验测定沥青砂浆断裂能。

取粒径为 2.36 mm 以下的细集料与沥青制备沥青砂浆 SCB 试件,其半圆直径为 150 mm,厚 25 m,在低温 -10℃ 时进行砂浆试件的 SCB 试验,并根据式(6-7)、式(6-8)计算得到沥青砂浆的抗拉强度和断裂能,计算得到的抗拉强度 σ_t 和断裂能 G_F 分别为 8.56 MPa 和 10.01 kJ/m²。

$$\sigma_t = -\left[0.146\left(\frac{B}{2R}\right) + 0.8896 \right]\left[4.02\left(\frac{S}{2R}\right) + 1.052 \right]\frac{F_{\max}}{\pi BR} \tag{6-7}$$

$$G_F = \frac{W}{B(R-a)} \tag{6-8}$$

6.1.3 细观模型的建立

在 SCB 模型中，粒径为 2.36 mm 以下的细集料与沥青被视为沥青砂浆相，赋予黏弹性特征；粗集料作为颗粒投放至半圆内部，颗粒之间互不干涉，赋予线弹性特征，沥青砂浆相与粗集料相构成两相细观模型，图 6-3 为粗集料单元。图 6-4 为与 4 种粗集料单元对应的沥青砂浆单元，采用 CPS4R 平面应力四边形单元对网格进行划分。

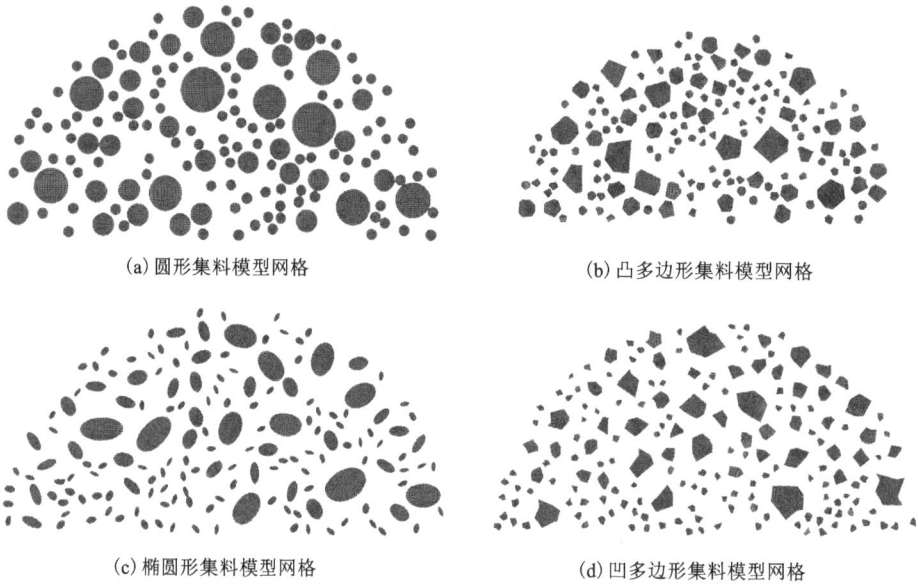

(a) 圆形集料模型网格

(b) 凸多边形集料模型网格

(c) 椭圆形集料模型网格

(d) 凹多边形集料模型网格

图 6-3 集料相网格划分

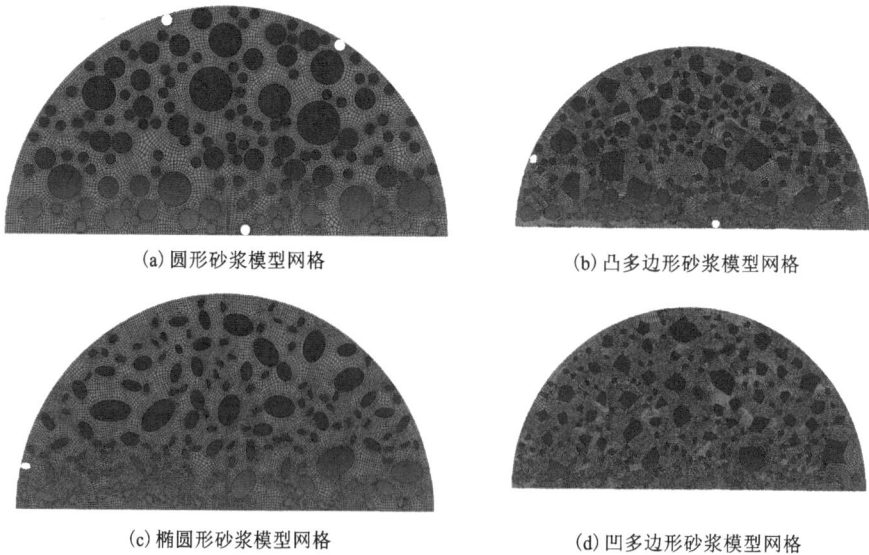

(a) 圆形砂浆模型网格

(b) 凸多边形砂浆模型网格

(c) 椭圆形砂浆模型网格

(d) 凹多边形砂浆模型网格

图 6-4 沥青砂浆相网格划分

通过添加支承底座和加载刚体,定义刚体与受载体间的界面接触,使得模拟具有接近真实试验的受荷模式。通过参考点与几何体间的耦合约束创建刚体,将刚体与 SCB 试件进行装配操作,最后在半圆底边中心处设置竖直向上的长 15 mm 的裂缝。图 6-5 为整体装配模型,图 6-5 中包含了荷载条件以及边界约束条件,对两底座施加完全固定约束,使底部支座保持稳定。对顶部刚体施加向下的竖向位移,同时约束刚体其他方向自由度,确保刚体可以在加载过程中始终保持竖向运动。

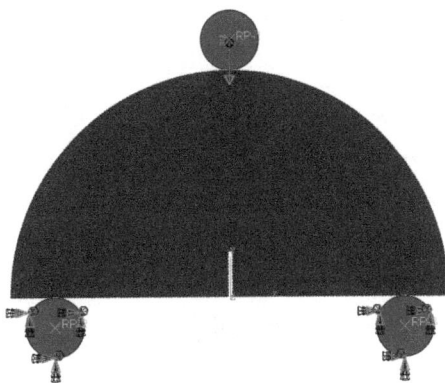

图 6-5　整体装配模型荷载与边界条件

6.2　基于内聚力模型的有限元断裂分析

6.2.1　内聚力模型

内聚力模型的概念最早由 Barenblatt[126]提出,该模型适用于模拟薄弱界面处产生的破坏,该模型能刻画离散裂纹并准确反映裂纹尖端的能量耗散,被广泛应用于描述沥青混合料内部各相界面的损伤行为。内聚力模型假设单元间通过虚拟黏结面黏结在一起,材料的损伤和断裂只发生在黏结面区域,即内聚力单元发生破坏。虚构的黏聚面由初始位置重叠的上下表面组成,可以描述虚构黏聚面上力与位移间的响应。图 6-6 给出了虚拟黏聚面损伤前后的状态,图 6-6(a)表示内聚力单元区域,在断裂路径即将抵达此处时,该区域内的 Cohesive 单元将通过牵引分离定律描述其开裂行为:在界面处先根据应力强度判定损伤起始,然后按特定法则进行损伤演化,最后内聚力单元被完全破坏。图 6-6(b)为虚拟黏聚区上下面完全脱离状态。

(a) 内聚力单元区域　　　　　　　　　(b) 虚拟黏聚区上下面完全脱离状态

图 6-6　虚拟黏聚面

内聚力模型在有限元中的表达形式为:
内聚力单元能量:

$$W_{CO}^* = \int_S (t_n \delta_n^* + t_s \delta_s^*) \, \mathrm{d}S \qquad (6\text{-}9)$$

单元某点法向位移:

$$\delta_n^* = \overline{N\delta_n^*} \qquad (6\text{-}10)$$

单元某点切向位移：

$$\delta_S^* = \overline{N\delta_S^*} \tag{6-11}$$

式中：t_n 和 t_s 分别为法向内聚力和切向内聚力；δ_n 和 δ_s 分别为内聚力单元任意点的法向和切向位移；N 为单元的形函数；$\overline{\delta_n^*}$ 和 $\overline{\delta_s^*}$ 分别为单元节点处的法向和切向位移。

将单元某点的法向位移和切向位移公式代入内聚力单元能量公式(6-9)中，可得：

$$W_{CO}^* = \int_S (T_n N\overline{\delta_n^*} + T_S N\overline{\delta_S^*})\,\mathrm{d}S \tag{6-12}$$

进而单元的内聚力可表示为：

$$F_{CO} = \int_S (T_n N + T_S N)\,\mathrm{d}S \tag{6-13}$$

单元法、切向内聚力与法、切向位移之间的雅可比矩阵可定义为：

$$[\boldsymbol{C}] = \begin{bmatrix} \dfrac{\partial T_n}{\partial \delta_n} & \dfrac{\partial T_n}{\partial \delta_s} \\ \dfrac{\partial T_S}{\partial \delta_n} & \dfrac{\partial T_S}{\partial \delta_s} \end{bmatrix} \tag{6-14}$$

于是有：

$$T = \left\{ \dfrac{\mathrm{d}T_n}{\mathrm{d}T_s} \right\} = [\boldsymbol{C}] \left\{ \dfrac{\mathrm{d}\delta_n}{\mathrm{d}\delta_s} \right\} \tag{6-15}$$

最后得到内聚力单元的单元刚度矩阵为：

$$[\boldsymbol{K}] = \int_S [B]^{\mathrm{T}} [\boldsymbol{C}][B]\,\mathrm{d}S \tag{6-16}$$

内聚力模型从 3 个方面描述材料的开裂行为：材料的极限抗拉强度、内聚力能和内聚力模型曲线的形态。有限元中需对内聚力模型类型进行选取，常见内聚力模型包括双线性模型、三线性模型和指数模型等，其中双线性模型能真实准确地描述沥青混合料开裂行为，是最常用的本构模型。

内聚力模型牵引力-分离定律可以分解为 3 个阶段：第一个阶段是损伤之前的线弹性阶段，界面在法向荷载或切向荷载作用下表现为弹性力学行为，应力随裂纹张开位移增大而增大，其中应力随裂纹张开位移变化曲线的斜率即为界面层间黏结系数值；第二阶段为损伤扩展阶段，应力达到峰值强度后，界面承载力达到极限，界面开始出现初始损伤，随之应力随位移增大逐渐下降，界面损伤逐渐累积；第三阶段为完全断裂阶段，界面应力减小为零时，界面处的黏结完全失效，界面处发生完全断裂。

对应于损伤扩展阶段的差异，ABAQUS 有限元分析软件提供了双线性与指数型两种内聚力模型。在应力由零逐渐增大到黏结强度的过程中，上述两种模型都假定应力随位移发生线弹性变化。当应力逐渐增大超过黏结强度后，双线性模型将损伤行为定义为一个线性函数，而指数模型采用指数函数反映界面的损伤演化行为。

6.2.2　具体算例

(1)材料及配合比

采用 SBS 改性沥青成型 AC-13 沥青混合料试件，其技术指标如表 6-2 所示，沥青胶结料各技术要求参照《公路沥青路面施工技术规范》(JTG F40—2004)。本书试验粗、细集料均为石灰岩矿料，沥青材料呈弱酸性，碱性石灰岩集料与沥青之间可取得较好的黏附性。根据试验需要，将集料按粒径筛分为 0.075～0.15 mm、0.15～0.3 mm、0.3～0.6 mm、0.6～1.18 mm、1.18～2.36 mm、2.36～4.75 mm、4.75～9.5 mm、9.5～13.2 mm、13.2～16 mm 共9 种不同的规格。根据《公路工程集料试验规程》(JTG E42—2005)，对粗、细集料的相关指标进行检测，试验结果如表 6-3 和表 6-4 所示，填料采用石灰石矿粉，矿粉技术指标如表 6-5 所示。

表 6-2 SBS 改性沥青技术指标

技术指标		单位	试验结果	技术要求值	试验方法
针入度(25℃，100 g，5 s)		0.1 mm	55.2	40～60	T0604
延度(5℃，5cm/min)		cm	30.7	≥20	T0605
软化点(环球法)		℃	78.1	≥60	T0606
运动黏度(135℃)		Pa·s	1.90	≤3	T0625
针入度指数 PI		—	0.25	≥0	T0625
闪点(开口式)		℃	>300	≥230	T0611
溶解度(三氯乙烯)		%	99.51	≥99	T0607
弹性恢复(25℃)		%	93	≥75	T0662
RTFOT 后残留物	质量损失	%	0.026	≤1.0	T0610
	针入度比(25℃)	%	77	≥65	T0604
	延度(5℃)	cm	17.5	≥15	T0605

表 6-3 粗集料相关指标测试结果

试验指标	单位	技术要求值	检验结果	试验方法
压碎值	%	≤20	9.6	T0316
洛杉矶磨耗损失	%	≤24	10.6	T0317
石料磨光值(BPN)	—	≥42	45	T0321
软石颗粒含量	%	≤1	0.8	T0320
针片状颗粒含量	%	≤15	10.4	T0312
集料对沥青黏附性	—	≥5	5.6	T0616

表 6-4 细集料相关指标测试结果

试验指标	单位	技术要求值	检验结果	试验方法
含泥量(<0.075 mm 的含量)	%	≤10	8.5	T0333
砂当量	%	≥60	80	T0334
棱角性(流动时间)	s	≥30	42	T0345

表 6-5　矿粉技术指标

试验指标	单位	技术要求	试验结果	试验方法
表观相对密度	—	≥2.50	2.712	T0352
含水量	%	≤1	0.30	T0103
亲水系数	—	≤1	0.6	T0353
外观	—	无团粒结块	无团粒结块	—
加热安定性	—	实测值	无颜色变化	T0355

沥青混合料根据马歇尔设计方法确定得到沥青混合料油石比为 5.2%，沥青混合料的级配见表 6- 6。

表 6-6　沥青混合料设计级配

筛孔尺寸/mm	16	13.2	9.5	4.75	2.36	0.6	0.3	0.15	0.075
通过率/%	100.0	98.0	90.0	72.0	53.0	28.0	14.0	8.30	5.60

（2）试件制备

采用旋转压实仪（SGC）对沥青混合料进行压实成型，压实压力为 600 kPa，压实温度为 145℃，旋转压实次数为 100 次，得到高度和直径均为 150 mm 的沥青混合料圆柱体试件。利用大型切割机将圆柱体试件切割为厚 25 mm 的圆饼，每个圆饼沿直径对称切割，得到半圆饼状试件，最后沿半圆底边中点切割长 15 mm 的竖直裂缝。

（3）Ⅰ–Ⅱ混合型开裂试验

实际路面结构在温度应力和车辆荷载等多种因素作用下，裂缝多以Ⅰ型和Ⅱ型裂缝为主。Ⅰ型开裂又称张开型开裂：裂缝两侧受到拉应力而张开，拉应力方向与裂缝扩展方向垂直，是路面结构中最为常见的破坏模式。此外，Ⅱ型滑移开裂也较常见：裂缝受到一对平行于裂缝面的作用力，产生的剪切效应导致裂缝滑开扩展。如果某结构同时受到正应力和剪切应力作用，那么Ⅰ型和Ⅱ型开裂均会存在，而形成Ⅰ/Ⅱ复合型裂缝。

为研究Ⅰ/Ⅱ混合型断裂，仍采用半圆弯拉试验，该试验可通过改变试件的受力状态和几何形态来实现不同的开裂模式。Ajdani 等人[127]提出了通过改变 SCB 试件底部开口裂缝倾角以实现不同断裂模式的加载方法，该方法可方便控制Ⅰ型到Ⅱ型断裂模式的转换。本书通过改变 SCB 试件底部预设裂缝的倾角来实现对Ⅰ/Ⅱ混合型断裂模式的控制，制备了 6 种不同预设裂缝倾角（0°、15°、30°、45°、60°、75°）的沥青混合料 SCB 试件，几何形态如图 6-7 所示。

通过 UTM-250 试验机对试件进行低温断裂试验，试验开始前将试件与夹具在-10℃的 UTM 保温箱中放置 4 h，试验的加载速率为 5 mm/min，通过计算机输出不同预设裂缝倾角 SCB 试件的荷载–位移曲线。

图 6-8 为不同裂缝倾角试件的荷载–位移曲线，随着裂缝初始角的增大，试件对应的峰值荷载增大，曲线与 X 坐标轴围成的断裂功面积也增大，表明试件的抗裂性能提高。造成这

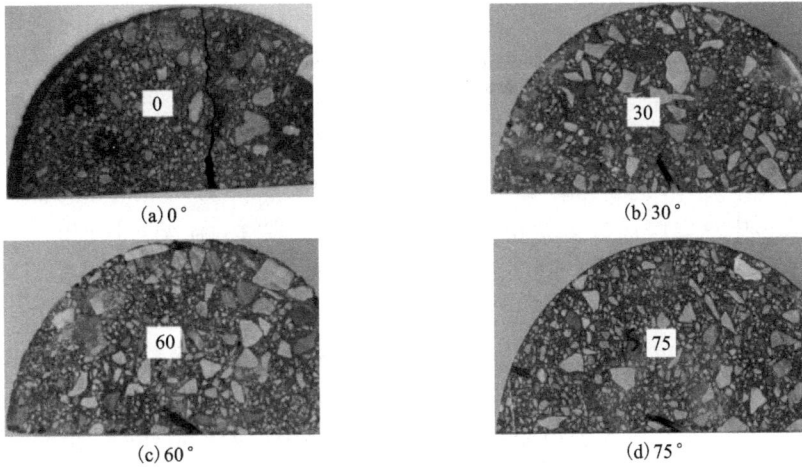

(a) 0°   (b) 30°

(c) 60°   (d) 75°

图 6-7　不同裂缝倾角 SCB 试件

一结果的原因可能是裂缝在 0°时为纯 I 型开裂模式，裂缝附近区域主要承受拉应力，裂缝两侧在正向拉应力作用下很容易失稳扩展。随着角度增大，开裂模式转变为 I / II 混合型开裂，裂缝附近受到拉应力和剪应力共同作用，外力需同时提供张拉和剪切效应才能使试件发生破坏。除了材料内部的黏聚力和黏附力抵抗张拉外，嵌锁咬合力可抵抗剪切作用，因此预设裂缝倾角增大能提高试件的抗裂性能，当其为 0°时试件最容易发生开裂破坏。对工程结构体而言，I 型开裂最危险。

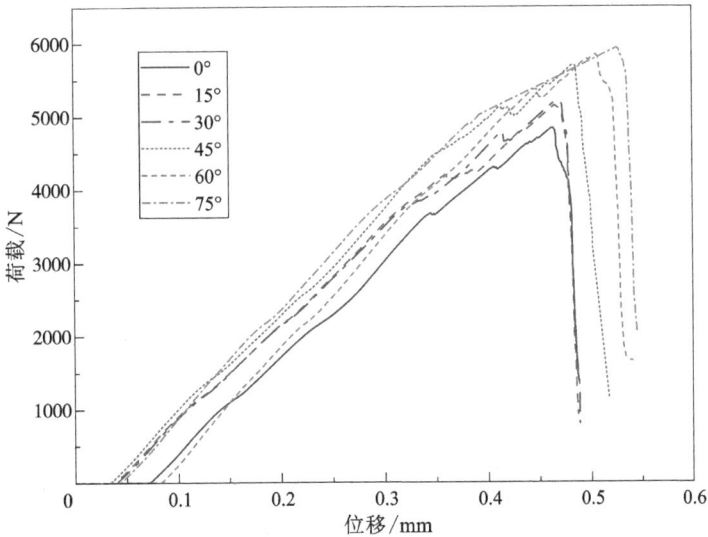

图 6-8　不同裂缝倾角 SCB 试件试验荷载-位移曲线

（4）结果分析

①混合型断裂特性分析。

由于试验时较难控制试件几何误差，无法保证预设裂缝长度和角度与要求一致，因此结

105

果具有很大的离散性，难以获取Ⅰ/Ⅱ混合型裂缝的开裂特性和裂缝倾角的变化规律。有限元方法可精确控制模型形态，保证裂缝长度、倾角的准确和加载方式的一致，最大程度地控制误差。因此，在Ⅰ/Ⅱ混合型断裂试验的基础上，通过有限元方法建立不同预设裂缝倾角的沥青混合料 SCB 模型。

采用随机集料生成法则，建立包含凸多边形集料的 SCB 模型，将半圆半径设为 75 mm，在 SCB 模型底边中点处设置长度为 15 mm 的开口裂缝，裂缝与模型对称轴的夹角分别为 0°、15°、30°、45°、60°、75°，加载时两支座间距为 120 mm。

在全局范围内对沥青砂浆内部介入内聚力单元，再对模型进行网格划分。其中单元包括实体单元和内聚力损伤单元，实体单元又分为粗集料实体单元和沥青砂浆实体单元。沥青砂浆单元基体仍由 2.36 mm 以下细集料与沥青组成，所有实体单元的有限元表达形式为 CPS3，单元总数约为 17000 个。内聚力单元初始厚度为 0，当内部发生损伤时，单元与单元间被拉开而出现脱黏，使得砂浆相实体单元间产生裂缝。内聚力单元类型为 COH2D4，单元数量约 17000 个，表 6-7 为 SCB 模型的单元信息。

表 6-7　SCB 模型的单元信息　　　　　　　　　　　　单位：个

单元参数	实体单元		损伤单元
	粗集料单元	沥青砂浆单元	内聚力单元
单元总数	7000	10000	17000
有限元形式	CPS3	CPS3	COH2D4

建立模型后，在模型顶部受力点施加竖直向下的位移，加载速率为 5 mm/min，得到图 6-9 所示的荷载-位移曲线。有限元方法下得到的Ⅰ/Ⅱ混合型断裂曲线规律规律与试验一致，且数据的离散型更小。数值分析结果表明：随着预设裂缝角度增大，试件的断裂性能逐步提高，断裂模式也从最初的Ⅰ型开裂转化为Ⅰ/Ⅱ混合型开裂，表明该方法有效。

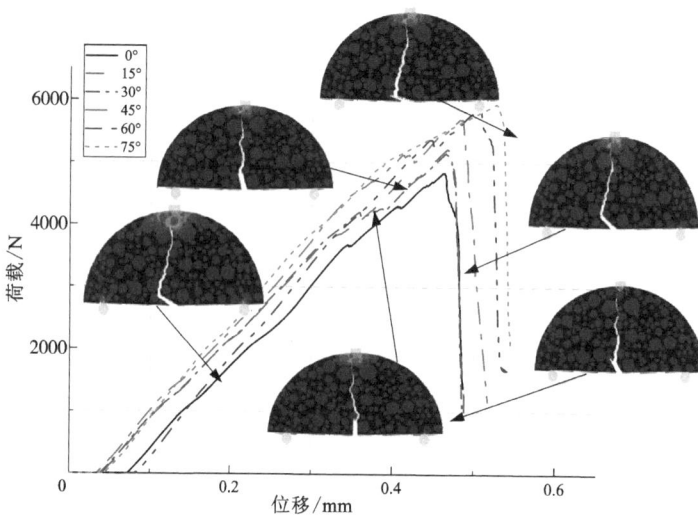

图 6-9　不同裂缝倾角 SCB 模型的荷载-位移曲线

采用应力强度因子表征材料断裂性能,计算Ⅰ/Ⅱ混合型断裂模式的Ⅰ型和Ⅱ型应力强度因子,根据式(6-17)、式(6-18)计算-10℃下各裂缝倾角对应的断裂韧度。

$$K_{\mathrm{I}} = \sigma_0 \sqrt{\pi a} \cdot Y_{\mathrm{I}} \left(\frac{a}{R}, \frac{s}{R}, \beta \right) \tag{6-17}$$

$$K_{\mathrm{II}} = \sigma_0 \sqrt{\pi a} \cdot Y_{\mathrm{II}} \left(\frac{a}{R}, \frac{s}{R}, \beta \right) \tag{6-18}$$

$$\sigma_0 = \frac{P}{2Rt} \tag{6-19}$$

式中:P为试件受到的荷载;R、t分别为SCB试件的半径和厚度;σ_0为应力,可由式(6-19)计算得到。

根据Lim等人[128]的研究结果,几何因子的取值如图6-10所示,

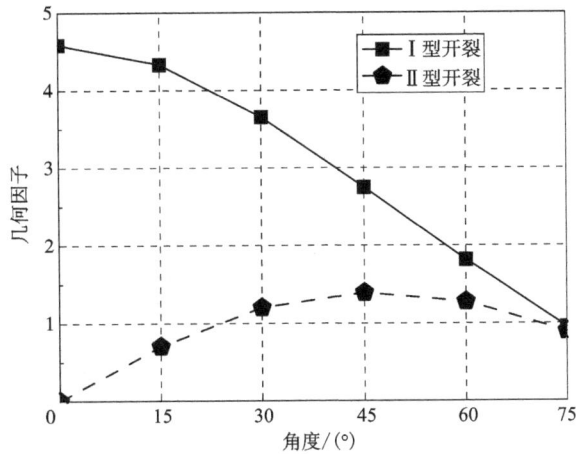

图6-10　各裂缝倾角下的几何因子

不同裂缝倾角试件的Ⅰ型和Ⅱ型临界应力强度因子如图6-11所示,当裂缝倾角为0°时,K_{IC}值最大,K_{IIC}值为0,代表此时为纯Ⅰ型张拉开裂。其他预设裂缝倾角的K_{IC}和K_{IIC}均为非0值,表示处于Ⅰ/Ⅱ混合型开裂,存在张拉和剪切效应。虽然裂缝倾角越大,峰值荷载也越大,但应力强度因子与几何因子密切相关,Ⅰ型几何因子的变小使得Ⅰ型临界断裂韧度一直减小,张拉开裂效应反而减弱。Ⅱ型应力强度因子随Ⅱ型几何因子先增大后减小,在45°时达到最大。

图6-12和图6-13为15°和75°裂缝尖端起裂前后的应力变化图。图6-12中裂缝尖端位于沥青砂浆相,图6-13中裂缝尖端位于粗集料内部。对于两种裂缝角度,当裂缝尖端从的起裂前[图6-12(a)、图-13(a)]到发生起裂[图6-12(b)、图6-13(b)],尖端应力会明显提升,当应力值超过开裂强度时,尖端失稳开裂,形成宏观裂缝。从发生起裂[图6-12(b)、图6-13(b)]到完全开裂[图6-12(c)、图6-13(c)],宏观裂缝宽度增大,裂缝完全展开,贯穿单元的应力值大幅下降。由于内聚力单元只介入沥青砂浆相,集料中不存在损伤区域,裂缝尖端无法贯穿集料单元进行扩展,图6-13中裂缝并未从尖端开展,而是从靠近裂缝尖端的集料-沥青砂浆界面区某位置起裂。

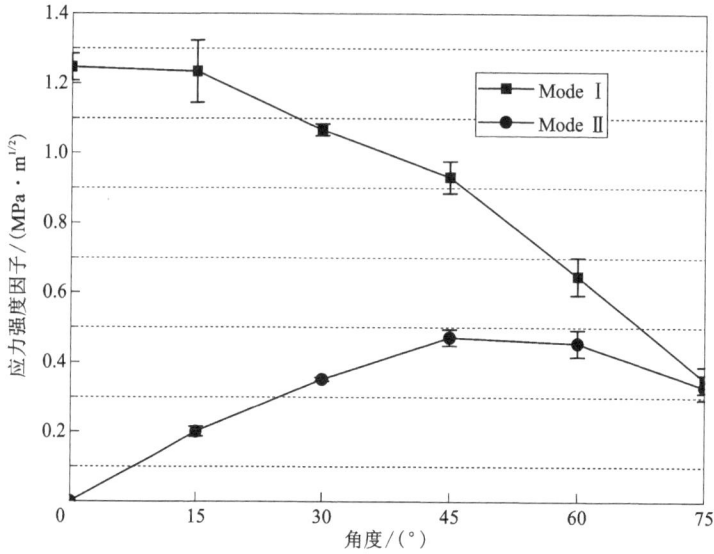

图 6-11 各裂缝倾角下的应力强度因子

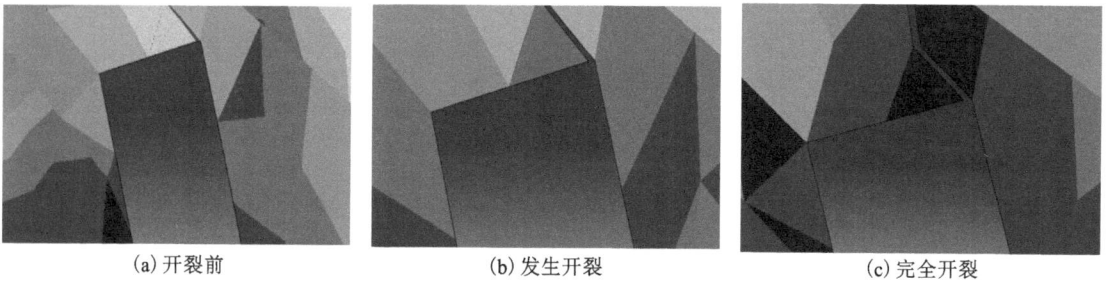

(a) 开裂前　　　　　　　　(b) 发生开裂　　　　　　　　(c) 完全开裂

图 6-12 15°裂缝尖端开裂前后 Von Mises 云图

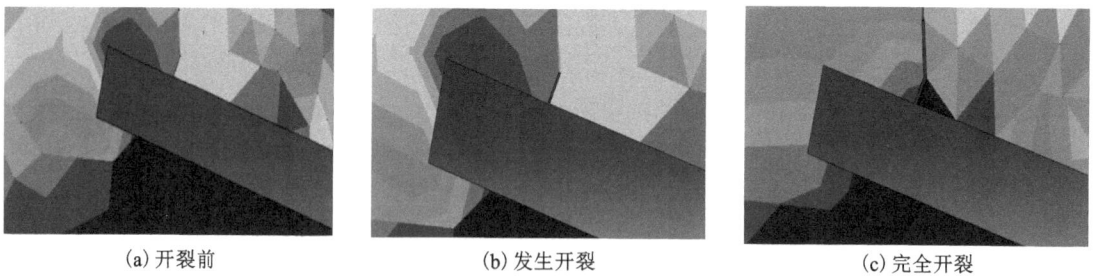

(a) 开裂前　　　　　　　　(b) 发生开裂　　　　　　　　(c) 完全开裂

图 6-13 75°裂缝尖端开裂前后 Von Mises 云图

②加载速率对试件断裂性能的影响。

在有限元中可通过对试件施加某方向对应某时长度的位移量或恒定的速度，使物体进行匀速运动，本节通过对试件顶部加载体施加不同速率(5 mm/min、10 mm/min、20 mm/min、30 mm/min)的竖向位移，探究不同加载速率对试件断裂性能的影响。表 6-8 为不同加载速率下各裂缝倾角模型的峰值荷载,从表6-8中数据可知,峰值荷载随加载速率的增大而增大。

表6-8　不同加载速率下的峰值荷载

加载速率 /(mm· min⁻¹)	0°		15°		30°		45°		60°		75°	
	峰值荷载 /N	标准差 /N	峰值荷载 /N	标准差 /N	峰值荷载 /N	标准差 /N	峰值荷载 /N	标准差 /N	峰值荷载 /N	标准差 /N	峰值荷载 /N	标准差 /N
5	4693	144	4922	355	5045	82	5844	287	6135	515	6366	689
10	4811	277	4952	320	5220	45	5957	112	6242	375	6403	734
20	5071	435	5092	437	5322	182	6070	271	6248	638	6730	795
30	5285	436	5339	420	5466	393	6273	305	6608	529	7031	795

为进一步表征断裂特性,本节计算了 I-II 混合型开裂模式下的断裂能,参考规范 AASHOT-TP105 推荐的计算方法,可通过计算断裂功和断裂韧带面积求断裂能。从图6-14 所示方法可知,不同倾角试件的开裂长度为裂缝尖端到半圆试件顶部加载点的直线距离,通过计算可得到不同角度下的断裂韧带面积,从而可求出不同预设裂缝倾角试件在不同加载速率下的断裂能,结果如表6-9所示。可以发现断裂能随加载速率的变化规律和峰值荷载的变化规律保持一致:提高加载速率可明显增大模型断裂能,表明在高加载速率下,材料开裂和破坏需要更多外力做功。当裂缝倾角从0°增至75°时,断裂韧带面积不断增大,但因峰值荷载增加,材料的断裂能反而提高。对比最低速率5 mm/min 下的断裂能,10 mm/min 速率下倾角为 0°、15°、30°、45°、60°和75°的断裂能提升百分比分别为2.5%、0.6%、3.5%、1.9%、1.7%、 0.6%,20 mm/min 速率下0°~75°的断裂能提升百分比分别为8.0%、3.5%、5.5%、3.9%、 1.8%、5.7%,30 mm/min 速率下0°~75°的断裂能提升百分比分别为12.6%、8.5%、8.4%、 7.3%、7.4%、10.4%,不同速率下断裂能均有不同涨幅,且速率越高,断裂能涨幅越大。

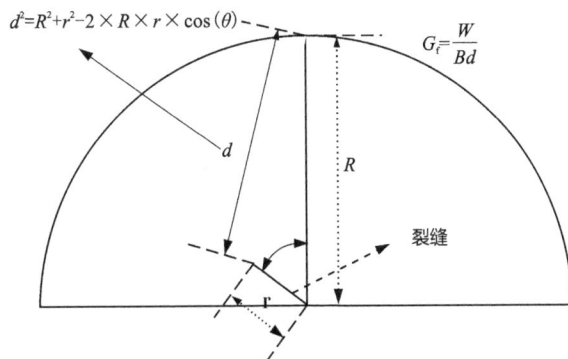

$$d^2=R^2+r^2-2 \times R \times r \times \cos(\theta)$$

$$G_f=\frac{W}{Bd}$$

图6-14　断裂能计算示意图

表 6-9　不同加载速率下的断裂能

加载速率 /(mm·min^{-1})	0°		15°		30°		45°		60°		75°	
	断裂能 /(J·m^{-2})	标准差 /(J·m^{-2})	断裂能 /(J·m^{-2})	标准差 /(J·m^{-2})	断裂能 /(J·m^{-2})	标准差 /(J·m^{-2})	断裂能 /(J·m^{-2})	标准差 /(J·m^{-2})	断裂能 /(J·m^{-2})	标准差 /(J·m^{-2})	断裂能 /(J·m^{-2})	标准差 /(J·m^{-2})
5	4693	144	4922	355	5045	82	5844	287	6135	515	6366	689
10	4811	277	4952	320	5220	45	5957	112	6242	375	6403	734
20	5071	435	5092	437	5322	182	6070	271	6248	638	6730	795
30	5285	436	5339	420	5466	393	6273	305	6608	529	7031	795

图 6-15 给出了各裂缝倾角模型在不同加载速率下的 I 型和 II 型应力强度因子值。I 型应力强度因子 K_{IC} 随着加载速率的增大而增大，对比最低速率 5 mm/min 的 K_{IC}，最大速率 30 mm/min 下 0°、15°、30°、45°、60° 和 75° 倾角模型的 K_{IC} 提升百分比分别为 12.6%、8.5%、8.4%、7.3%、7.4% 和 10.4%。对比最低速率 5 mm/min 的 K_{IIC}，最大速率 30 mm/min 下 15°、30°、45°、60° 和 75° 的 K_{IIC} 提升百分比分别为 8.5%，8.4%，7.3%，7.4% 和 10.4%，最终得到的 K_{IC} 和 K_{IIC} 随加载速率的变化规律与相关研究结论一致[129, 130]。

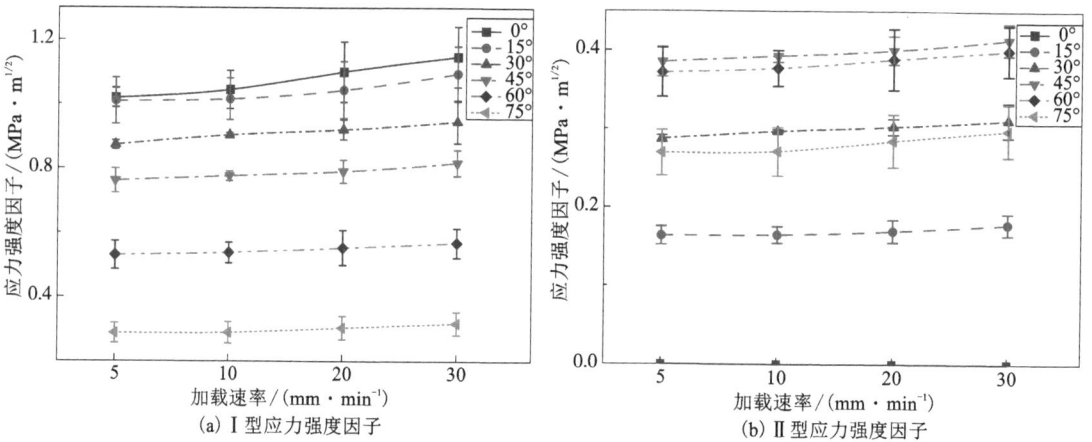

图 6-15　不同加载速率下的应力强度因子

图 6-16 给出了混合开裂模式的抗裂区域，图 6-16 中包含了不同加载速率下 I/II 混合型开裂模式的临界应力强度因子，横坐标 X 为 I 型断裂韧度 K_{IC}，纵坐标 Y 为 II 型断裂韧度 K_{IIC}，曲线与 X 轴、Y 轴围成的区域称为安全区，若 SCB 试件的断裂韧度落于安全区内，则表示此时试件能够抵抗开裂，可以发现随着加载速率的提高，安全区域的面积也随之增大。

有效应力强度因子 K_{eff} 被用于计算沥青混合料在 I/II 混合型开裂模式下断裂韧度的有效值，如式(6-20)所示。

$$K_{eff} = \sqrt{K_{IC}^2 + K_{IIC}^2} \qquad (6-20)$$

根据式(6-20)可计算得到不同预设裂缝倾角试件在不同加载速率下的有效应力强度因

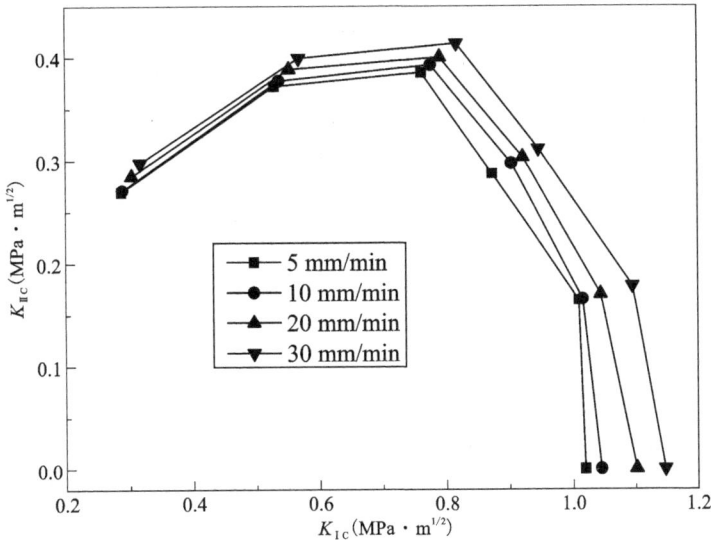

图 6-16　不同加载速率下的断裂安全区

子 K_{eff}，如图 6-17 所示。可以发现：随着加载速率的增大，试件的有效应力强度因子增大，表明试件能更好地抵抗开裂。但随着预设裂缝倾角增大，K_{eff} 反而减小。通过观察发现 I 型应力强度因子 K_{IC} 的取值范围为 0.29~1.15，II 型应力强度因子 K_{IIC} 的取值范围为 0~0.29，K_{IIC} 远小于 K_{IC}，因此在式（6-20）中，K_{IC} 对 K_{eff} 的大小起主导作用。当预设裂缝倾角增大时，K_{IC} 显著减小，K_{IIC} 稍有增大，导致 K_{eff} 明显变小。

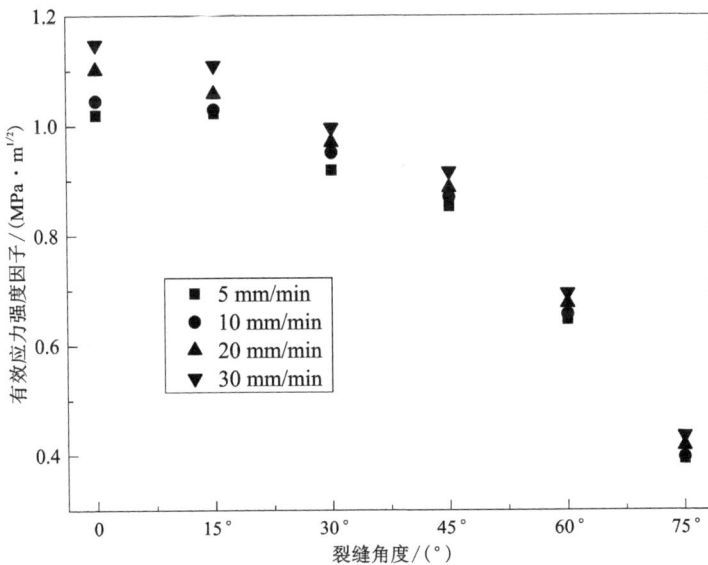

图 6-17　不同加载速率下的有效应力强度因子

　　根据之前的结论：随着裂缝倾角的增大，K_{IC} 一直减小，I 型效应减弱，K_{IIC} 先增大后减小，II 型效应先增强后减弱。由于 I 型和 II 型效应在某角度区间存在同时减弱的情况，难以判断两种模式对开裂的贡献度大小,此处引入无量纲参数复合因子 M^e,判断单一开裂模式对总开裂的贡献占比。当 M^e 值从 0 增大到 1 时,表示断裂模式由纯 II 型转变为纯 I 型,M^e 值可通过式(6-21)计算得到[131]。

$$M^e = \frac{2}{\pi}\tan^{-1}\left(\frac{K_{IC}}{K_{IIC}}\right) \tag{6-21}$$

图 6-18 给出了不同加载速率下不同裂缝倾角的复合因子 M^e,即使 I、II 型临界应力强度因子随加载速率增大,但复合因子仍保持不变,表明加载速率不会影响试件的开裂效应。而实际结构体在受到匀速荷载作用,可忽略加速度冲击效应,整体处于静力平衡状态时,若改变加载速率,实际破坏过程中裂缝尖端的开裂效应并不会改变。沥青混合料作为一种典型黏弹性材料,在静力平衡状态下受到不同匀速荷载作用,其黏弹性特性对荷载速率的敏感性较高,比起开裂效应变化带来的影响,该敏感性特征更能显著影响材料的开裂破坏。

当裂缝倾角从 0° 增大至 75° 时,M^e 值明显减小,表明 II 型剪切效应对开裂的贡献占比越来越大。此外,对数据进行回归拟合,发现 M^e 和裂缝倾角之间存在线性关系,该线性函数关系基于本书特定的模型几何尺寸和加载方式,当支座间距、半圆弯拉试件半径、裂缝长度等影响因素改变时,M^e 和裂缝倾角间的关系可能会发生变化。

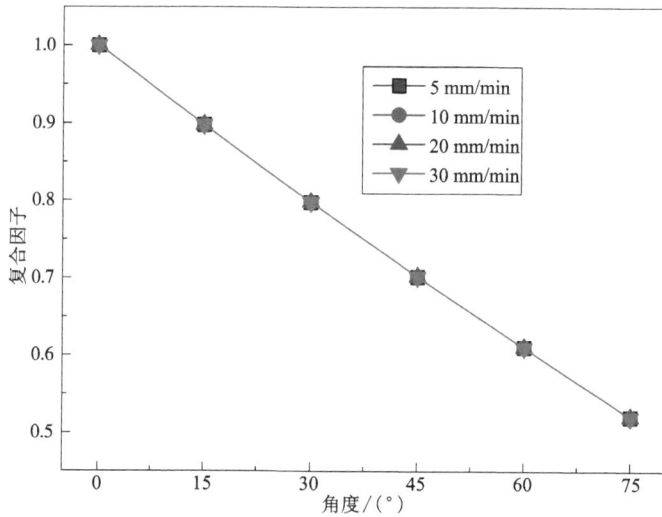

图 6-18 不同加载速率下的复合因子

6.3 基于扩展有限元的断裂分析

6.3.1 扩展有限元理论

(1)近似位移场

在模拟断裂破坏时,常规有限元方法需要进行大量不断的网格重构与更新操作以符合裂缝扩展时的几何不连续性,整个过程复杂且耗时长。

为了弥补传统有限元模拟裂缝扩展的缺点，扩展有限元法引入阶跃函数和裂尖函数两种富集函数对裂纹面和裂缝尖端进行描述，实质上是对一般有限元形函数的补充：几何连续区域采用一般形函数，不连续区域通过富集函数加以修改，同时用水平集方法描述和追踪不连续边界。

扩展有限元方法的形函数由两部分组成，一部分为一般有限元形函数，另一部分为富集函数项，其表达式为：

$$u(x) = \sum_{i=1}^{n} N_i(x) u_i + \sum_{j=1}^{n} N_j(x) \varphi(x) q_j \tag{6-22}$$

式中：$N_i(x)$ 为一般有限元形函数；$u_i(x)$ 为标准的节点自由度；$N_j(x)\varphi(x)$ 为富集扩充项；q_j 为新增单元节点的自由度。

扩展有限元中引入 Heaviside 阶跃函数作为富集函数，用于描述被裂纹所贯穿的单位，其具体表达式为：

$$H(x) = \begin{cases} 1 (x-x^*) \cdot \boldsymbol{n} \geq 0 \\ -1 \ \text{otherwise} \end{cases} \tag{6-23}$$

式中：x^* 为裂纹面上离 x 点最近的点；$\boldsymbol{n}$ 为 x^* 点的外法线矢量。

在引入具体阶跃函数后，扩展有限元下位移场函数近似表达式为：

$$u(x) = \sum_{i \in I} N_i(x) u_i + \sum_{i \in J} N_j(x) H(x) q_j + \sum_{k \in K} \left[N_k(x) \cdot \sum_{\alpha=1}^{4} F_\alpha(x) \cdot b_{k\alpha} \right] \tag{6-24}$$

式中：I、J、K 分别为整个区域的节点集、裂纹完全贯穿单元的节点集和裂纹尖端位置穿透的单元节点集。同时等式右边新增一项，代表裂纹尖端所贯穿单元的位移扩充项，和 $N_k(x)F_\alpha(x)$ 对应裂纹尖端单元节点的形函数和富集函数，$b_{k\alpha}$ 为裂纹尖端单元节点的附加自由度。

在弹性力学材料各向同性且为弹性的假定下，描述裂纹尖端的富集函数 $F_\alpha(x)$ 可表示为：

$$F_\alpha(x) = \left[\sqrt{r} \sin \frac{\theta}{2}, \sqrt{r} \cos \frac{\theta}{2}, \sqrt{r} \sin \theta \sin \frac{\theta}{2}, \sqrt{r} \sin \theta \cos \frac{\theta}{2} \right] \tag{6-25}$$

式中：(r, θ) 为极坐标系，中心位于裂纹尖端；裂纹尖端的切线方向对应于 $\theta = 0$。$\sqrt{r}\sin(\theta/2)$ 考虑了沿裂纹表面的间断性，裂纹尖端的渐进函数不局限于各向同性弹性体，适用于两类不同材料截面的裂纹模拟或两材料的紧密接触断裂。

(2)虚拟节点法

为了在有限元软件中实现扩展有限元法以更加灵活地描述裂缝开展，分别在模型单元的每个实节点位置上预设相应的虚节点，实节点和虚节点除了对应的位置坐标相同外，还拥有相同的形函数。

虚拟节点法在已有的真实节点上覆盖虚拟节点，当单元没有开裂时，虚拟节点与真实节点保持重合，不产生相对位移。当裂纹贯穿某个单元时，单元被一分为二，被分裂单元上虚拟节点和真实节点解除绑定关系，虚拟节点可以自由移动，通过对虚拟节点区域的节点插值可得到真实节点区域的位移。

(3)损伤起始准则

对材料的损伤起始进行定义，当损伤区域的应力或应变满足特定的起始准则时，裂纹将发生扩展，有限元中包含了最大主应力准则、最大主应变准则、最大正应力准则、最大正应变准则、二次名义应力准则和二次名义应变准则[132]，选用最大主应力准则[133]作为损伤起始准则，其具体的描述为：

$$f = \left\{ \frac{\langle \sigma_{max} \rangle}{\sigma_{max}^0} \right\} = 1 \tag{6-26}$$

$$\sigma_{max} = \begin{cases} \sigma_{max}, & \sigma_{max} \geq 0 \text{ for tension} \\ 0, & \sigma_{max} < 0 \text{ for compression} \end{cases} \tag{6-27}$$

式中：σ_{max} 为当前最大主应力；σ_{max}^0 为材料的最大容许主应力，当两者的比值达到 1 时，裂缝会发生开裂扩展。裂缝在初始受拉状态下才会发生损伤，若为纯受压状态则无法起裂，对应的 σ_{max} 值为 0。

6.3.2 具体算例

（1）材料及配合比

原材料性能及混合料配合比与 5.1.2.1 节相同。

（2）结果分析

①荷载-位移曲线分析。

粗集料粒径大且刚度高，在沥青混合料内部通过相互嵌挤咬合作用形成矿料骨架。从细观角度分析，大粒径集料在一定程度上可阻碍裂缝扩展，不同的集料分布会对裂缝产生不同程度的阻碍，不同的集料形状可使材料内部具有不同的应力状态，因此集料对沥青混合料抗裂性能和开裂行为的影响不可忽视。

本节建立了包含圆形、凸多边形、凹多边形和椭圆形 4 种集料在内的沥青混合细观模型，通过扩展有限元方法分析了 -10℃ 和 20℃ 时沥青混合料 Ⅰ 型开裂行为和断裂特性，从细观角度探讨了集料形态对模型断裂性能的影响。对每种温度下的每种集料形态构建 10 个不同的 SCB 模型，共进行 80 次数值运算，采用历程输出法获取每次计算的荷载-位移曲线，图 6-19 和图 6-20 分别给出了 -10℃ 和 20℃ 时不同形态集料的 SCB 模型的荷载-位移曲线。

从荷载-位移曲线可发现：集料分布状态对沥青混合料的开展有明显影响，使得同类形态集料试件的曲线存在一定差异。裂缝在开展过程中遇大粒径粗集料阻碍时，会绕行集料并沿其边缘继续扩展，该过程会显著增大荷载峰值。若裂缝扩展路径上无大粒径集料阻拦，则模型荷载峰值较小。峰值荷载的大小可初步作为评价混合料断裂性能的参数，更大的峰值意味着其结构有更强的承载能力，使得曲线与坐标轴围成的面积更大，表示的断裂功更大。因此粗集料可在一定程度上阻挡裂缝的开展，提高材料的抗裂性能，Wang 等人的数值模拟[134]和已有的试验研究[135]表明当集料的粒径更大时，裂缝沿其周边继续开展需要更多的能量，即混合料整体断裂性能提高。

然而，两种温度下集料对材料断裂性能的影响规律虽相同，但对各自的影响程度不同：低温时试件荷载峰值的变异系数范围为 6.5%～12%，中温时变异系数范围提升至 13%～15%，表明集料分布状态在中温时对试件开裂结果影响更大。这可能是因为中温时沥青混合料中的沥青砂浆更软，与粗集料在模量、强度方面差距较大，而低温时沥青砂浆较硬，与粗集料在模量、强度方面差距更小，裂缝穿越两相时的能量差异也更小，粗集料分布带来的影响也就越小。

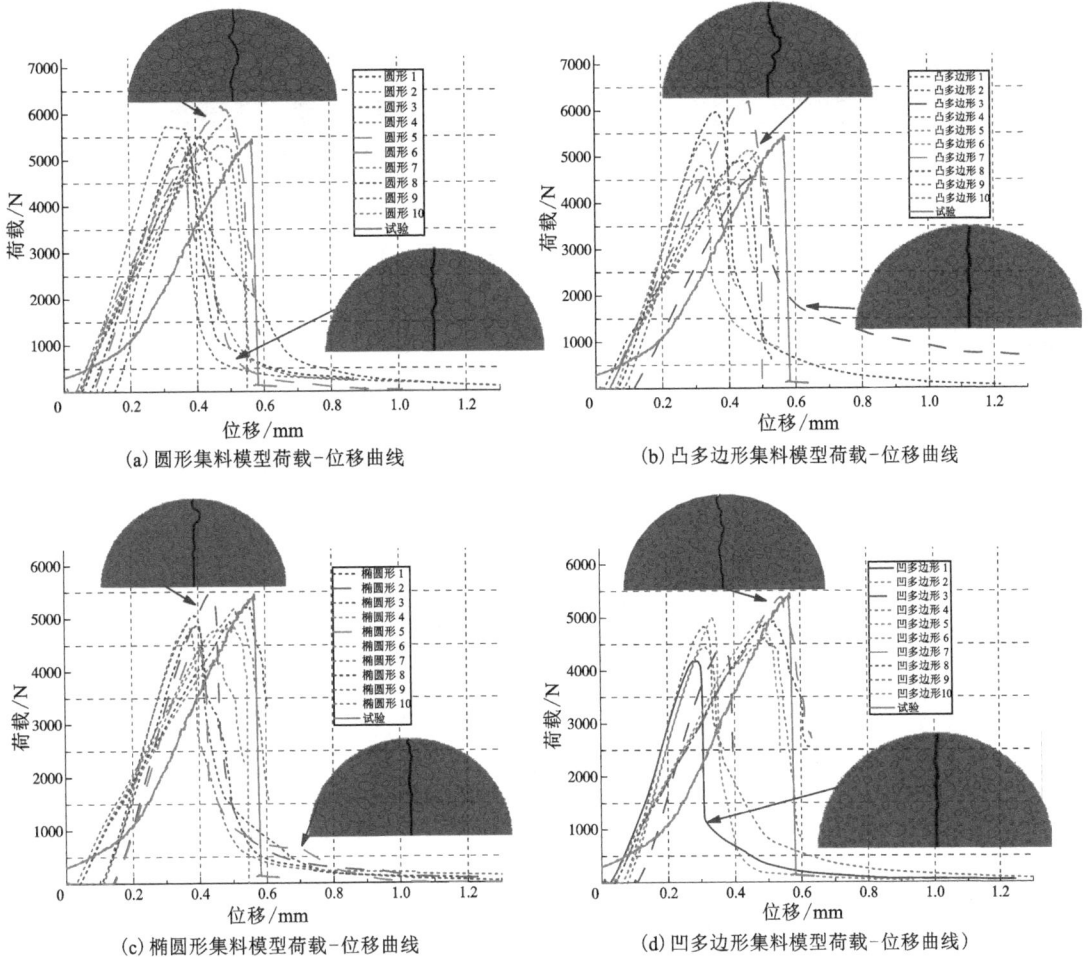

(a) 圆形集料模型荷载-位移曲线

(b) 凸多边形集料模型荷载-位移曲线

(c) 椭圆形集料模型荷载-位移曲线

(d) 凹多边形集料模型荷载-位移曲线)

图 6-19　-10℃下 SCB 模型荷载-位移曲线

图 6-21 给出了-10℃和 20℃时下峰值荷载均值和标准差,发现含圆形集料的试件具有更高的峰值荷载,含凹多边形集料的试件的峰值荷载最小,这一结果与 Jiang 等人[136]实测的试验结论保持一致:形态更规则、棱角更少的集料与砂浆所形成的混合料试件具有更高的抗压强度;Wang 等人[137]也探讨了细观沥青混合料模型内部的应力分布,发现多边形集料的棱角性是造成材料内部应力集中现象的主要原因,并认为集料的棱角性虽有利于混合料抵抗车辙变形,但集料的棱角尖端易出现应力集中,造成材料提前开裂。

除了分析不同试件峰值荷载的差异外,图 6-22 给出了与峰值荷载对应的位移值。结果发现:包含椭圆形集料的试件位移均值最大,但观察各试件位移值上下限范围后,认为 4 种试件的位移值只有轻微差异,可忽略不计。

②应力强度因子。

低温下沥青混合料具有明显的线弹性特征,可基于线弹性断裂力学来研究材料的断裂行为。选取应力强度因子作为评价指标,该指标反映了裂缝尖端附近区域应力场的强弱情况,它随着应力的增大而增大,当增至某一临界值时该应力强度因子被称为临界应力强度因子,

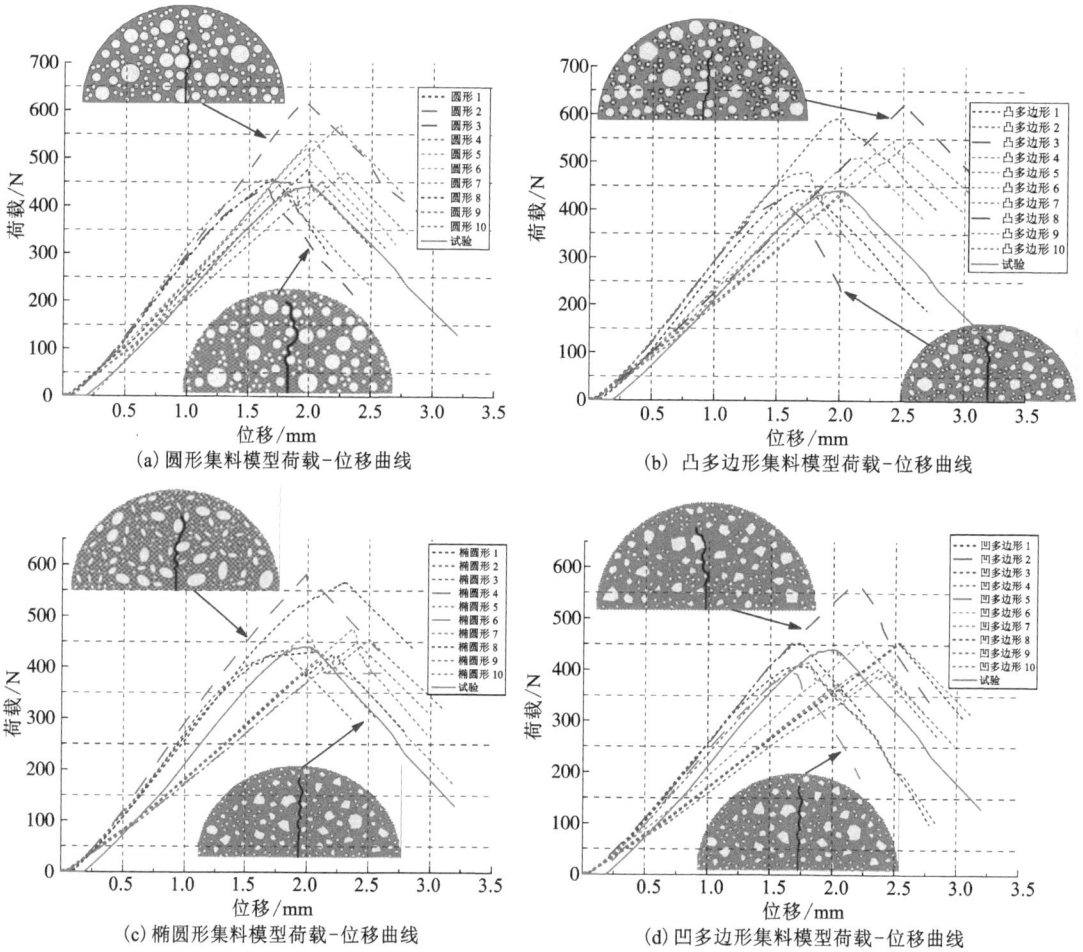

(a) 圆形集料模型荷载-位移曲线

(b) 凸多边形集料模型荷载-位移曲线

(c) 椭圆形集料模型荷载-位移曲线

(d) 凹多边形集料模型荷载-位移曲线

图 6-20　20℃下 SCB 模型荷载-位移曲线

也称临界断裂韧度。裂缝尖端应力强度因子达临界值时，裂缝发生失稳扩展，可通过式(6-28)计算该力学指标：

$$K_{\mathrm{I}} = \sigma_0 \sqrt{\pi a} \cdot Y_{\mathrm{I}} \left(\frac{a}{R}, \frac{s}{R}, \beta \right) \qquad (6-28)$$

式中：K_{I} 为 I 型断裂应力强度因子；a 为有效裂缝长度；σ_0 为名义拉应力；R 为半圆弯拉试验试件的半径；t 为半圆弯拉试验试件的厚度；Y_{I} 为形状因子，和半圆弯拉试验支撑底座之间的跨度距离与半径之比有关。Lim 和 Johnston[3] 给出了不同形状参数下的 Y_{I} 值计算方法。

当荷载取得峰值荷载时，计算得到临界应力强度因子 K_{IC}：

$$K_{\mathrm{IC}} = \frac{P_{\max}}{2Rt} \sqrt{\pi a} \cdot Y_{\mathrm{I}} \left(\frac{a}{R}, \frac{s}{R}, \beta \right) \qquad (6-29)$$

式中：$P_{\max}$ 为峰值荷载。

计算得到两种温度下试件的临界应力强度因子均值和标准差，如图 6-23 所示。因应力强度因子与峰值荷载间存在比例关系，得到 K_{IC} 与 $P_{\max}$ 的结论一致：圆形集料 SCB 试件的断

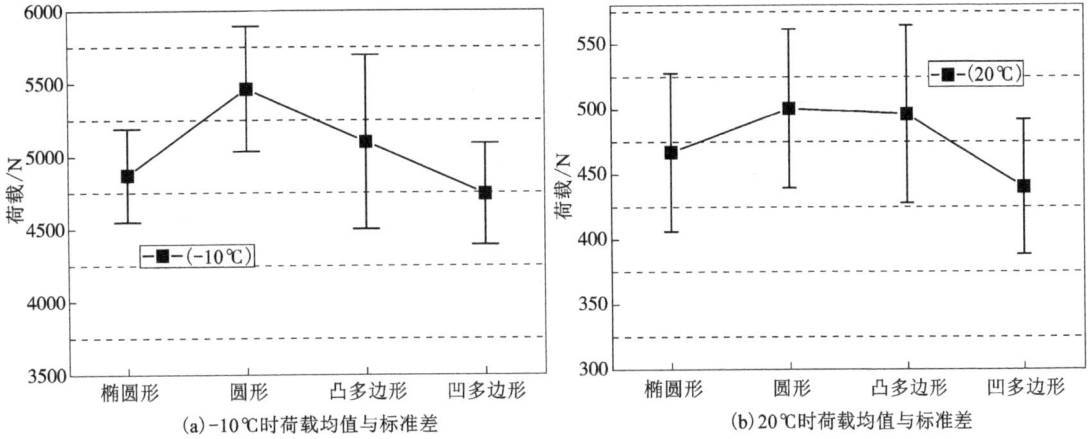

图 6-21 −10℃和 20℃下 SCB 模型荷载均值与标准差

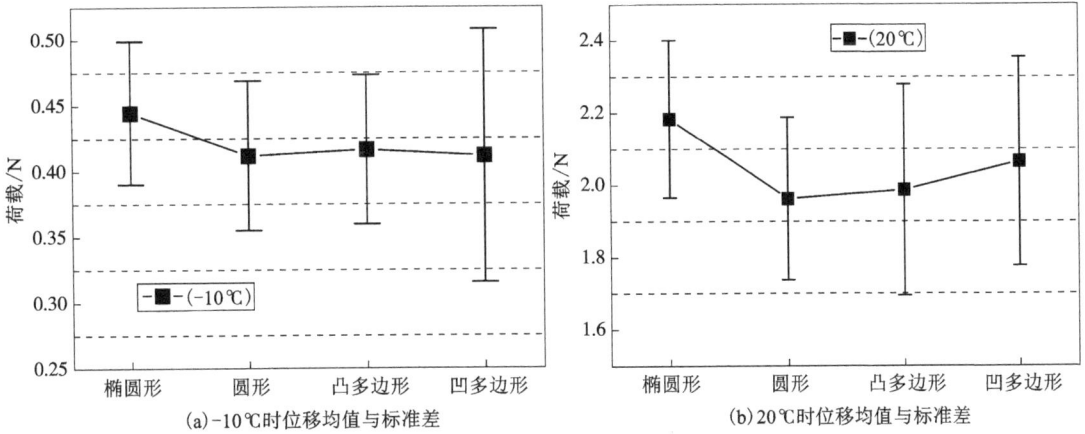

图 6-22 −10℃和 20℃下 SCB 模型位移均值与标准差

裂性能最佳,凹多边形集料试件最差。

③能量释放率。

沥青混合料断裂过程是一个能量耗散的过程,除应力强度因子外,能量释放率是断裂力学的另一个判据。能量释放率从能量守恒和转化的观点描述裂缝的扩展行为。裂缝扩展单位面积释放的能量称为能量释放率(G_F)。

断裂试验可获得荷载−位移曲线,该曲线与坐标轴围成的面积表示断裂功,可通过断裂功与断裂韧带面积间的关系计算断裂能,计算式为:

$$G_F = \frac{W_f}{A_{lig}} \tag{6-30}$$

式中:W_f 为断裂功;A_{lig} 为裂缝的扩展面积。

计算得到−10℃和 20℃下各试件的断裂能结果,如图 6-24 所示。虽然中温 20℃下试件的峰值荷载较小,但破坏时的变形量大,断裂功面积反而增加,中温断裂能稍微小于低温情

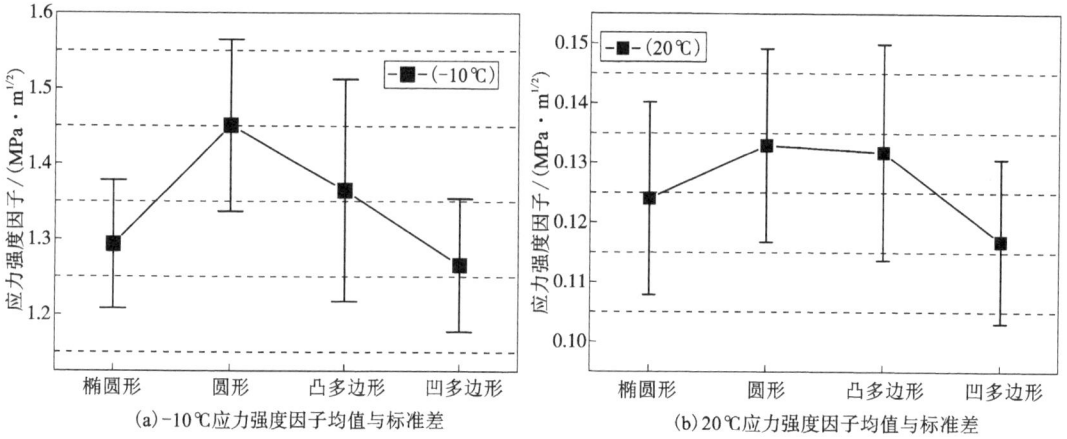

(a)-10℃应力强度因子均值与标准差　　　　(b)20℃应力强度因子均值与标准差

图 6-23　-10℃和 20℃下 SCB 模型应力强度因子均值与标准差

况,二者无明显区别。在两种温度下,圆形集料试件的断裂能最大,凸多边形和椭圆形集料试件次之,凹多边形集料试件最小。

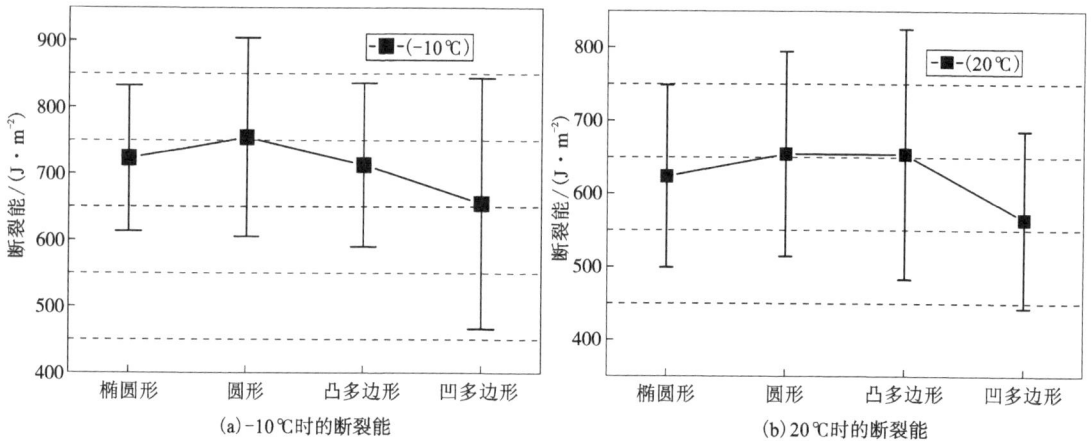

(a)-10℃时的断裂能　　　　(b)20℃时的断裂能

图 6-24　-10℃和 20℃下 SCB 模型断裂能结果

　　本节对沥青混合料断裂的两种细观模拟方法进行了介绍:内聚力模型(CZM)方法和扩展有限元方法(XFEM)。考察了骨料形态对沥青混合料中低温断裂性能的影响规律,并研究了裂缝倾角和加载速率对 I-II 复合型断裂的影响。相关结论如下:

　　①运用 XFEM 研究材料在低温-10℃和中温 20℃下的断裂特性,探讨集料形态对试件断裂性能的影响。结果表明:含圆形集料的 SCB(半圆弯拉)试件的抗裂性能最佳,包含凹多边形集料的试件的抗裂性能最差。对不同集料分布的模型而言,低温下峰值荷载的变异系数范围为 6.5%~12%,中温对应的变异系数范围提升至 13%~15%,表明中温时集料分布状态对断裂性能影响更大。

　　②基于 CZM 的有限元法,建立了考虑真实集料形态的沥青混凝土细观损伤分析模型,结

合室内 SCB 试验，探究了不同预设裂缝倾角和加载速率对沥青混凝土 I－II 混合型断裂行为的影响。结果表明：随着裂缝倾角增大，I 型开裂模式贡献度减小，II 型开裂模式贡献度增大，裂缝尖端由受张拉作用转变为受剪切作用；不同加载速率的复合因子 M^e 大小一致，加载速率对各开裂模式的贡献度影响甚小。

参考文献

［1］ 交通运输部. 2023 年交通运输行业发展统计公报, 2024. https：//www. gov. cn/lianbo/bumen/202406/content_6957901. htm.

［2］ 宋卫民, 徐子浩, 吴昊, 等. 一种沥青混凝土中低温断裂性能统一评价方法［J］. 中南大学学报（自然科学版）, 2021, 52(7)：2386.

［3］ 齐琳. 采用间接拉伸试验评价沥青混合料低温性能研究［D］. 西安：长安大学：2006.

［4］ 田小革, 应荣华, 郑健龙. 沥青混凝土温度应力试验及其数值模拟［J］. 土木工程学报, 2002, 35(3)：25.

［5］ 马昆林, 宋卫民, 杜银飞, 等. 道路养护维修与管理技术［M］. 长沙：中南大学出版社, 2021.

［6］ 杨卫, 谭鸿来. 断裂过程的细观力学与纳观力学［J］. 中国科学基金, 1993(4)：249.

［7］ FORMAN R, KEARNEY V, Engle R. Numerical analysis of crack propagation in cyclic-loaded structures. 1967, 459.

［8］ WOLF E. Fatigue crack closure under cyclic tension［J］. Engineering Fracture Mechanics, 1970, 2(1)：37.

［9］ BROSE W, DOWLING N. Size effects on the fatigue crack growth rate of type 304 stainless steel［J］. In：Elastic-plastic Fracture, ASTM International, 1979：720.

［10］ GU F, LUO X, ZHANG Y, et al. Using overlay test to evaluate fracture properties of field-aged asphalt concrete. Construction and Building Materials, 2015, 101：1059.

［11］ BANKS-SILLS L, VOLPERT Y. Application of the cyclic J-integral to fatigue crack propagation of Al 2024-T351［J］. Engineering Fracture Mechanics, 1991, 40(2)：355.

［12］ CHENG L, ZHANG L, LIU X, et al. Evaluation of the fatigue properties for the long-term service asphalt pavement using the semi-circular bending tests and stereo digital image correlation technique［J］. Construction and Building Materials, 2022, 317：126119.

［13］ YUAN F, CHENG L, SHAO X, et al. Full-field measurement and fracture and fatigue characterizations of asphalt concrete based on the SCB test and stereo-DIC［J］. Engineering Fracture Mechanics, 2020, 235：107127.

［14］ JIANG J, NI F. Evaluation of fatigue property of asphalt mixtures based on digital image correlation method［J］. Journal of Southeast University (English Edition), 2017, 33(2)：216.

［15］ ROMEO E, BIRGISSON B, MONTEPARA A, et al. The effect of polymer modification on hot mix asphalt fracture at tensile loading conditions［J］. International Journal of Pavement Engineering, 2010, 11(5)：403.

［16］ WANG H, ZHANG C, YANG L, et al. Study on the rubber-modified asphalt mixtures' cracking propagation using the extended finite element method［J］. Construction and Building Materials, 2013, 47：223.

［17］ BIRGISSON B, MONTEPARA A, ROMEO E, et al. Influence of mixture properties on fracture mechanisms in asphalt mixtures［J］. Road Materials and Pavement Design, 2010, 11(sup1), 61.

［18］ LI X, MARASTEANU M, KVASNAK A, et al. Factors study in low-temperature fracture resistance of asphalt concrete［J］. Journal of Materials in Civil Engineering, 2010, 22(2)：145.

[19] ALIHA M, BEHBAHANI H, FAZAELI H, et al. Experimental study on modeI fracture toughness of different asphalt mixtures[J]. Scientia Iranica, 2015, 22(1): 120.

[20] LI X, MARASTEANU M. The fracture process zone in asphalt mixture at low temperature[J]. Engineering Fracture Mechanics, 2010, 77(7): 1175.

[21] SHAFABAKHSH G, TAGHIPOOR M, SADEGHNEJAD M, et al. Evaluating the effect of additives on improving asphalt mixtures fatigue behavior[J]. Construction and Building Materials, 2015, 90: 59.

[22] 郭庆林, 王红雨, 高颖, 等. 短切柔性纤维对密实型沥青混凝土断裂特性的影响[J]. 科学技术与工程, 2020, 20(13): 5377.

[23] 胡俊兴. 酸处理对钢渣性能和沥青黏附性的影响分析[D]. 邯郸: 河北工程大学, 2021.

[24] HONG R, WU J, CAI H. Low-temperature crack resistance of coal gangue powder and polyester fibre asphalt mixture[J]. Construction and Building Materials, 2020, 238: 117678.

[25] YE Q, WU S, LI N. Investigation of the dynamic and fatigue properties of fiber-modified asphalt mixtures[J]. International Journal of Fatigue, 2009, 31(10): 1598.

[26] 陈宗武, 冷真, 肖月, 等. 面向沥青混凝土矿料全替代的钢-铁渣梯级利用[J]. 中国公路学报, 2021, 34(10): 190.

[27] 程梅. 高模量沥青混凝土抗裂性能及改善措施研究[J]. 公路工程, 2016, 41(5): 46.

[28] 刘凯. 碳纤维/石墨烯导电沥青混凝土的制备及电热特性研究[D]. 哈尔滨: 哈尔滨工业大学, 2018.

[29] ZIARI M, HAJIKARIMI P, KAZEROONI A, et al. Effect of polyphosphoric acid on fracture properties of asphalt binder and asphalt mixtures[J]. Construction and Building Materials, 2021, 310: 125240.

[30] MOTEVALIZADEH S, SEDGHI R, ROOHOLAMINI H. Fracture properties of asphalt mixtures containing electric arc furnace slag at low and intermediate temperatures[J]. Construction and Building Materials, 2020, 240: 117965.

[31] ZHAO S, HUANG B, SHU X, et al. Laboratory investigation of biochar-modified asphalt mixture[J]. Transportation Research Record, 2014, 2445(1): 56.

[32] 宁致远, 刘云贺, 孟霄, 等. 水工沥青混凝土直接拉伸力学性能试验研究[J]. 水力发电学报, 2021, 41(1): 74.

[33] TAHERKHANI H, TAJDINI M. Comparing the effects of nano-silica and hydrated lime on the properties of asphalt concrete[J]. Construction and Building Materials, 2019, 218: 308.

[34] AMERI M, NOWBAKHT S, MOLAYEM M, et al. Investigation of fatigue and fracture properties of asphalt mixtures modified with carbon nanotubes[J]. Fatigue & Fracture of Engineering Materials & Science, 2016, 39(7), 896.

[35] PIRMOHAMMAD S, MAJD-SHOKORLOU Y, AMANI B. Experimental investigation of fracture properties of asphalt mixtures modified with Nano Fe_2O_3 and carbon nanotubes[J]. Road Materials and Pavement Design, 2020, 21(8): 2321.

[36] MAHANI A, BAZOOBANDI P, HOSSEINIAN S, et al. Experimental investigation and multi-objective optimization of fracture properties of asphalt mixtures containing nano-calcium carbonate[J]. Construction and Building Materials, 2021, 285: 122876.

[37] MOON K, FALCHETTO A, WANG D, et al. Experimental investigation on fatigue and low temperature properties of asphalt mixtures designed with reclaimed asphalt pavement and taconite aggregate[J]. Transportation Research Record, 2019, 2673(3): 472.

[38] SONG W, XU Z, XU F, et al. Fracture investigation of asphalt mixtures containing reclaimed asphalt pavement using an equivalent energy approach[J]. Engineering Fracture Mechanics, 2021, 253: 107892.

[39] 周洲. 厂拌热再生沥青混合料抗裂性能和开裂机理研究[D].南京：东南大学，2020.

[40] JAHANBAKHSH H, KARIMI M, NASERI H, et al. Sustainable asphalt concrete containing high reclaimed asphalt pavements and recycling agents：Performance assessment, cost analysis, and environmental impact [J]. Journal of Cleaner Production, 2020, 244：118837.

[41] 仰建岗，张伟，姚玉权，等. 就地热再生混合料性能影响关键因素的试验研究[J]. 公路交通科技，2021, 38(10)：7.

[42] 侯芸，董元帅，李志豪，等. 植物油再生 SBS 改性沥青混合料路用性能研究[J]. 重庆交通大学学报（自然科学版），2021, 40(8)：120.

[43] ZHOU Z, GU X, JIANG J, et al. Fatigue cracking performance evaluation of laboratory-produced polymer modified asphalt mixture containing reclaimed asphalt pavement material[J]. Construction and Building Materials, 2019, 216：379.

[44] 艾长发，颜薇，陶雅乐，等. 基于双边缺口拉伸试验的 SBS 改性沥青抗疲劳性能评价[J]. 交通科技，2020, 300(3)：117.

[45] 何永泰，李炜，雷俊安，等. 不同温拌剂对沥青及混合料性能的影响研究[J]. 公路，2020(9)：59.

[46] 阳恩慧，徐加秋，唐由之，等. 温拌剂对沥青断裂和老化性能的影响[J]. 吉林大学学报（工学版），2021, 51(2)：604.

[47] YOUSEFI A, BEHNOOD A, NOWRUZI A, et al. Performance evaluation of asphalt mixtures containing warm mix asphalt (WMA) additives and reclaimed asphalt pavement (RAP)[J]. Construction and Building Materials, 2021, 268：121200.

[48] SONG W, XU F, WU H, et al. Laboratory Investigation of the Bonding Performance between Open-graded Friction Course and Underlying Layer[J]. Engineering Fracture Mechanics, 2022, 265：108314.

[49] TANG Z, HUANG F, PENG H. Mode I Fracture Behaviors between Cement Concrete and Asphalt Concrete Layer[J]. Advances in Civil Engineering, 2021, 2021, 1.

[50] KHOEE S. Evaluation of Bond Between Pavement Layers：Fracture Mechanics Approach. Ph. D[M]. Thesis, University of Illinois at Urbana-Champaign, 2015.

[51] HAKIMZADEH S, KEBEDE N, BUTTLAR W, et al. Development of fracture-energy based interface bond test for asphalt concrete[J]. Road Materials and Pavement Design, 2012, 13(sup1)：76.

[52] 张凯. 沥青混合料多尺度参数数据库及跨尺度关联方法研究[D]. 哈尔滨：哈尔滨工业大学，2021.

[53] 朱洪洲，谭祺琦，范世平，等. 基于图像技术的沥青混合料细观结构研究进展[J]. 重庆交通大学学报（自然科学版），2021, 40(10)：97.

[54] 董国发. 基于随机粗集料的沥青混合料细观模型及纯扭模拟分析[D]. 大连：大连理工大学，2021.

[55] YIN A, YANG X, GAO H, et al. Tensile fracture simulation of random heterogeneous asphalt mixture with cohesive crack model[J]. Engineering Fracture Mechanics, 2012, 92, 40.

[56] SONG W, DENG Z, WU H, et al. Extended Finite Element Modeling of Hot Mix Asphalt Based on the Semi-circular Bending Test[J]. Construction and Building Materials, 2022, Accepted.

[57] AL-QUDSI A, FALCHETTO A, WANG D, et al. Finite element cohesive fracture modeling of asphalt mixture based on the semi-circular bending (SCB) test and self-affine fractal cracks at low temperatures[J]. Cold Regions Science and Technology, 2020, 169：102916.

[58] YIN A, YANG X, YANG Z. 2D and 3D fracture modeling of asphalt mixture with randomly distributed aggregates and embedded cohesive cracks[J]. Procedia Iutam, 2013, 6：114.

[59] 吴贵贤. 黏弹性断裂力学在沥青路面中的应用[D]. 兰州：兰州理工大学，2012.

[60] FU J, LI J, ZHANG X, et al. Mesoscale experimental procedure and finite element analysis for an indirect

tensile test of asphalt concrete[J]. Road Materials and Pavement Design, 2018, 19(8): 1904.

[61] 刘洁. 纤维增强乳化沥青–水泥混凝土的断裂性能研究[D].武汉：武汉理工大学, 2018.

[62] LANCASTER I, KHALID H, KOUGIOUMTZOGLOU I. Extended FEM modelling of crack propagation using the semi-circular bending test[J]. Construction and Building Materials, 2013, 48: 270.

[63] BAN H, IM S, KIM Y. Mixed-mode fracture characterization of fine aggregate mixtures using semicircular bend fracture test and extended finite element modeling[J]. Construction and Building Materials, 2015, 101: 721.

[64] 夏怡, 邹飞. 基于二维离散元法的沥青混合料低温开裂研究[J]. 公路, 2021, 66(3): 299.

[65] 杜健欢, 任东亚, 艾长发, 等. 沥青混合料低温裂纹扩展演化行为分析[J]. 建筑材料学报, 2022, 25(3): 300.

[66] XUE B, PEI J, ZHOU B, et al. Using random heterogeneous DEM model to simulate the SCB fracture behavior of asphalt concrete[J]. Construction and Building Materials, 2020, 236: 117580.

[67] REN J, SUN L. Characterizing air void effect on fracture of asphalt concrete at low-temperature using discrete element method[J]. Engineering Fracture Mechanics, 2017, 170: 23.

[68] ASTM D8044-16. Standard Test Method for Evaluation of Asphalt Mixture Cracking Resistance using the Semi-Circular Bend Test (SCB) at Intermediate Temperatures, 2016, ASTM.

[69] ALIHA M, BEHBAHANI H, FAZAELI H, et al. Study of characteristic specification on mixed mode fracture toughness of asphalt mixtures[J]. Construction and Building Materials, 2014, 54: 623.

[70] OZER H, AL-QADI I, LAMBROS J, et al. Development of the fracture-based flexibility index for asphalt concrete cracking potential using modified semi-circle bending test parameters[J]. Construction and Building Materials, 2016, 115: 390.

[71] KASEER F, YIN F, ARÁMBULA-MERCADO E, et al. Development of an index to evaluate the cracking potential of asphalt mixtures using the semi-circular bending test[J]. Construction and Building Materials, 2018, 167: 286.

[72] 黄凯. OGFC-下卧层组合结构层间弱化机理及失效行为研究[D].长沙：中南大学, 2021.

[73] ROQUE R, BIRGISSON B, DRAKOS C, et al. Development and field evaluation of energy-based criteria for top-down cracking performance of hot mix asphalt (with discussion)[J]. Journal of the Association of Asphalt Paving Technologists, 2004, 73: 229.

[74] AASHTO T322-11. Determining the Creep Compliance and Strength of Hot Mix Asphalt (HMA) Using the Indirect Tensile Test Device, 2011, AASHTO.

[75] 殷丹丹, 常春清, 王岚, 等. 基于DIC技术分析老化前后温拌胶粉改性沥青混合料的开裂特性[J]. 材料导报, 2021, 35(24): 24088-24094.

[76] 王杰, 秦永春, 曾蔚, 等. 厂拌热再生SBS改性沥青混合料抗裂性能[J]. 长安大学学报(自然科学版), 2019, 39(4): 27.

[77] 冯德成, 崔世彤, 易军艳, 等. 基于SCB试验的沥青混合料低温性能评价指标研究[J]. 中国公路学报, 2020, 33(7): 50.

[78] 朱洪洲, 范世平, 袁海, 等. 沥青混合料半圆弯曲低温断裂–愈合特性. 公路交通科技, 2019, 36(12): 1-7.

[79] 洪哲, 杨树. 基于DIC技术的沥青混凝土开裂特征量化研究[J]. 铁道科学与工程学报, 2019, 16(7): 1652.

[80] BUI H, SALEH M. Effects of specimen size and loading conditions on the fracture behaviour of asphalt concretes in the SCB test[J]. Engineering Fracture Mechanics, 2021, 242: 107452.

[81] WANG J, QIN Y, XU J, et al. Crack resistance investigation of mixtures with reclaimed SBS modified asphalt pavement using the SCB and DSCT tests[J]. Construction and Building Materials, 2020, 265: 120365.

[82] 黄卫东, 张家伟, 吕泉, 等. 基于间接拉伸开裂方法评价超薄磨耗层混合料抗裂性能[J]. 同济大学学报(自然科学版), 2020, 48(11): 1588.

[83] 杜健欢, 任东亚, 黄杨权, 等. 超密实沥青混凝土 I-II 复合型裂纹扩展研究[J]. 西南交通大学学报, 2021, 56(4): 864.

[84] ZHANG D, HOU S, BIAN J, et al. Investigation of the micro-cracking behavior of asphalt mixtures in the indirect tensile test[J]. Engineering Fracture Mechanics, 2016, 163: 416.

[85] 曾国伟, 杨新华, 张川川. 沥青混合料直接拉伸试验与断裂细观模拟研究[J]. 公路, 2017(11): 199.

[86] 黄拓, 漆帅, 蒋浩浩, 等. 单向拉伸应力状态下沥青混合料强度和刚度特性[J]. 中南大学学报(自然科学版), 2019, 50(2): 460.

[87] 闫科伟, 苏鑫, 朱月风, 等. 沥青混合料低温抗裂性能分析及断裂过程模拟[J]. 广西大学学报(自然科学版), 2021, 46(1): 89-97.

[88] STEWART C, OPUTA C, GARCIA E. Effect of specimen thickness on the fracture resistance of hot mix asphalt in the disk-shaped compact tension (DCT) configuration[J]. Construction and Building Materials, 2018, 160: 487.

[89] 魏建辉, 史俊杰, 梁军林. 基于 OT 试验的大粒径沥青混合料抗裂性能研究[J]. 广西大学学报(自然科学版), 2020, 45(4): 766.

[90] 翟瑞鑫, 陈永满, 余清华, 等. 基于 overlay tester 评价大粒径透水沥青混合料抗反射开裂性能[J]. 功能材料, 2017, 48(9): 09129.

[91] POUR P, ALIHA M, KEYMANESH M. Evaluating mode I fracture resistance in asphalt mixtures using edge notched disc bend ENDB specimen with different geometrical and environmental conditions[J]. Engineering Fracture Mechanics, 2018, 190: 245.

[92] PIRMOHAMMAD S, BAYAT A. Characterizing mixed mode I/III fracture toughness of asphalt concrete using asymmetric disc bend (ADB) specimen[J]. Construction and Building Materials, 2016, 120: 571.

[93] PéREZ-JIMéNEZ F, BOTELLA R, MOON K, et al. Effect of load application rate and temperature on the fracture energy of asphalt mixtures. Fénix and semi-circular bending tests[J]. Construction and Building Materials, 2013, 48: 1067.

[94] CE I, Stresses in a plate due to the presence of cracks and sharp corners[J]. Trans Inst Naval Archit, 1913, 55: 219-241.

[95] IRWIN G R. Fracture dynamics, Fracturing of metals(1947)

[96] OROWAN E. Fatigue and fracture of metals, Symposium at Massachusetts Institute of Technology, New York, 1950.

[97] LIM L, JOHNSTON I. Stress intensity factors for semi-circular specimens under three-point bending[J]. Engineering Fracture Mechanics, 1993, 44(3): 363-382.

[98] TADA H, PARIS P C, IRWIN G R. The Stress Analysis of Cracks Handbook, Paris Productions, St. Louis, MO, 1985.

[99] WELLS A A. Unstable crack propagation in metals: cleavage and fast fracture, in: Proceedings of the crack propagation symposium, 1961: 26028.

[100] BROBERG K. Critical review of some theories in fracture mechanics, International Journal of Fracture Mechanics, 1968, 4: 11-19.

[101] BROBERG K. Crack-growth criteria and non-linear fracture mechanics[J]. Journal of the Mechanics and

Physics of Solids, 19（1971）：407-418.

[102] MAI Y, WONG S, CHEN X H. Application of fracture mechanics for characterization of toughness of polymer blends, Polymer blends, 2000, 2：17-58.

[103] MAI Y, COTTERELL B. The essential work of fracture for tearing of ductile metals, International Journal of Fracture, 1984, 24：229-236.

[104] LI X, MARASTEANU M. Evaluation of the low temperature fracture resistance of asphalt mixtures using the semi circular bend test, in：Association of Asphalt Paving Technologists - Proceedings of the Technology Sessions, AAPT 2004, 2004, pp. 401-426.

[105] GRELLMANN W, CHE M. Assessment of temperature-dependent fracture behavior with different fracture mechanics concepts on examples of unoriented and cold-rolled polypropylene[J]. Journal of Applied Polymer Science, 2015, 66(7)：1237-1249.

[106] WITT F J, MAGER T R. Fracture toughnessKICd values at temperature up to 550oF for astm A 533 grade B, class 1 steel[J]. Nuclear Engineering and Design 1971, 17：91-103.

[107] 徐世烺. 混凝土断裂力学[M].北京：科学出版社；2011.

[108] 刘基程.珊瑚混凝土变形破坏过程能量演化规律及损伤特性研究[D].南京：南京理工大学, 2020.

[109] SONG W, HUANG B, SHU X. Influence of warm-mix asphalt technology and rejuvenator on performance of asphalt mixtures containing 50% reclaimed asphalt pavement[J]. Journal of Cleaner Production, 2018, 192：191-198.

[110] SHEN S, AIREY G D, CARPENTER S H, et al. A dissipated energy approach to fatigue evaluation[J]. Road Materials and Pavement Design 2006, 7：47-69.

[111] SHEN S, CARPENTER S H. Application of the dissipated energy concept in fatigue endurance limit testing [J]. Transportation Research Record 2005, 1929：165-173.

[112] AI C, ZHANG J, LI Y W. et al. Estimation criteria for rock brittleness based on energy analysis during the rupturing process[J]. Rock Mechanics and Rock Engineering 2016, 49(12)：4681-4698.

[113] TARASOV B, POTVIN Y. Universal criteria for rock brittleness estimation under triaxial compression[J]. International Journal of Rock Mechanics and Mining Sciences, 2013, 59：57-69.

[114] HUCKA V, DAS B. Brittleness determination of rocks by different methods[J]. International Journal of Rock Mechanics and Mining Sciences & Geomechanics Abstracts, Elsevier, 1974：389-392.

[115] REINHARDT H W, XU S. A practical testing approach to determine mode II fracture energy GIIF for concrete, International Journal of Fracture, 2000, 105(2)：107-125.

[116] 李庆华、张逸风、徐世烺, 等. 喷射 UHTCC 与混凝土界面的 II 型断裂试验研究[J]. 水利学报(2018).

[117] TADA H, PARIS P C, IRWIN G R. The stress analysis of cracks handbook[J]. The stress analysis of cracks handbook, 1973.

[118] RADAJ D, ZHANG S. Stress intensity factors for spot welds between plates of unequal thickness, Engineering Fracture Mechanics 1991, 39(2)：391-413.

[119] HILLERBORG A, MODÉER M, PETERSSON P E. Analysis of crack formation and crack growth in concrete by means of fracture mechanics and finite elements-ScienceDirect[J]. Cement and Concrete Research, 1976, 6(6)：773-781.

[120] AMERI M, MANSOURIAN A, PIRMOHAMMAD S, et al. Ayatollahi, Mixed mode fracture resistance of asphalt concrete mixtures, Engineering Fracture Mechanics, 2012, 93(Complete)：153-167.

[121] M. R. M. A. A, H. B. B, H. F. B, M. H. R. B, Study of characteristic specification on mixed mode fracture toughness of asphalt mixtures[J]. Construction and Building Materials, 2014, 54：623-635.

[122] REINHARDT H W, XU S. Experimental determination ofKIIc of normal strength concrete[J]. Materials and Structures, 1998, 31(5): 296-302.

[123] KUMAR N S, GUNNESWARA RAO T. An empirical formula for mode-II fracture energy of concrete[J]. KSCE Journal of Civil Engineering, 2015, 19(3): 689-697.

[124] STEWART C M, OPUTA C W. EduardoGarcia, Effect of specimen thickness on the fracture resistance of hot mix asphalt in the disk-shaped compact tension (DCT) configuration[J]. Construction and Building Materials, 2018, 160: 487-496.

[125] EGHBALI M, TAFTI M F, ALIHA M, MOTAMEDI H. The effect of ENDB specimen geometry on mode I fracture toughness and fracture energy of HMA and SMA mixtures at low temperatures[J]. Engineering Fracture Mechanics, 2018, 216: 106496.

[126] BARENBLATT G I. The mathematical theory of equilibrium cracks in brittle fracture[J]. Advances in applied mechanics, 1962, 7: 55-129.

[127] AJDANI A, AYATOLLAHI M R, DA SILVA L F M. Mixed mode fracture analysis in a ductile adhesive using semi-circular bend (SCB) specimen[J]. Theoretical and Applied Fracture Mechanics 112 (2021).

[128] LIM I L, JOHNSTON I W, CHOI S K. Stress intensity factors for semi-circular specimens under three-point bending, Engineering Fracture Mechanics, 1993, 44(3): 363-382.

[129] HE J, LIU L, YANG H, ALIHA M R M. Using two and three-parameter Weibull statistical model for predicting the loading rate effect on low-temperature fracture toughness of asphalt concrete with the ENDB specimen[J]. Theoretical and Applied Fracture Mechanics, 2022, 121: 103471.

[130] MOTAMEDI H, FAZAELI H, ALIHA M R M, REZA AMIRI H. Evaluation of temperature and loading rate effect on fracture toughness of fiber reinforced asphalt mixture using edge notched disc bend (ENDB) specimen[J]. Construction and Building Materials, 2020, 234: 117365.

[131] FAKHRI M, ALISIYADATI S, ALIHA M R M. Impact of freeze-thaw cycles on low temperature mixed mode I/II cracking properties of water saturated hot mix asphalt: An experimental study[J]. Construction and Building Materials 261 (2020).

[132] 严明星, 基于扩展有限元法的沥青混合料开裂特性研究[D]. 大连: 大连海事大学, 2012.

[133] 金光来, 基于扩展有限元的沥青路面疲劳开裂行为的数值研究[D]. 南京: 东南大学, 2015.

[134] WANG H, WANG J, CHEN J. Fracture simulation of asphalt concrete with randomly generated aggregate microstructure, Road Materials and Pavement Design, 2018, 19(7): 1674-1691.

[135] WAGONER M, BUTTLAR W, PAULINO G, BLANKENSHIP P. Investigation of the Fracture Resistance of Hot-Mix Asphalt Concrete Using a Disk-Shaped Compact Tension Test[J]. Transportation Research Record: Journal of the Transportation Research Board, 2005, 1929: 183-192.

[136] JIANG S, SHEN L, LI W. An experimental study of aggregate shape effect on dynamic compressive behaviours of cementitious mortar[J]. Construction and Building Materials 303 (2021).

[137] WANG H, WANG J, CHEN J. Micromechanical analysis of asphalt mixture fracture with adhesive and cohesive failure[J]. Engineering Fracture Mechanics, 2014, 132: 104-119.

图书在版编目(CIP)数据

沥青混凝土断裂力学 / 宋卫民主编. --长沙：中南大学出版社，2024.10.

ISBN 978-7-5487-6020-7

Ⅰ. TU528.42

中国国家版本馆 CIP 数据核字第 2024SG0899 号

沥青混凝土断裂力学
LIQING HUNNINGTU DUANLIE LIXUE

宋卫民　主编

□出 版 人	林绵优	
□责任编辑	刘颖维	
□责任印制	李月腾	
□出版发行	中南大学出版社	
	社址：长沙市麓山南路	邮编：410083
	发行科电话：0731-88876770	传真：0731-88710482
□印　　装	长沙创峰印务有限公司	

□开　　本	787 mm×1092 mm　1/16	□印张 8.5	□字数 213 千字
□版　　次	2024 年 10 月第 1 版	□印次 2024 年 10 月第 1 次印刷	
□书　　号	ISBN 978-7-5487-6020-7		
□定　　价	68.00 元		